服裝製作
基礎事典

打版、縫製專業全圖解

2022 暢銷增訂

鄭淑玲——著

姜茂順——審定

目錄

Part 1
服裝構成基礎概念

A 做衣服基本工具

· 製圖工具　006
· 縫紉用具　008
· 硬體設備　010
· 副料　011

B 快速看懂紙型

· 人體部位說明　012
· 製圖符號　012
· 裙褲／上衣紙型說明　013

C 量身方法　014

· 周圍／寬度／長度量法　014
· 量身參考尺寸表　018

D 解構服裝製作十大步驟

· 收集資料　019
· 確認款式　019
· 量身　019
· 打版　019
· 胚衣製作和修版　019
· 分版　021
· 排版裁布和做記號　021
· 燙襯　022
· 拷克　022
· 車縫流程　022

Part 2
手縫、車縫、整燙技巧

A 必學手縫針法

平針縫—
　普通平針縫　024
　細針縮縫　024

回針縫—
　全回針縫　024
　半回針縫　024
　星止縫　024

假縫—
　疏縫　024
　斜疏縫　024
　剪線假縫（線釘）　024

實縫—
　斜針縫　025
　直針縫　025
　藏針縫　025

交叉縫（千鳥縫）　025

手縫鈕釦—
　Ａ 不縫力釦的縫法　026
　Ｂ 縫力釦的縫法　026
　Ｃ 包釦做法順序　026

手縫裙鉤　026

B 各部位車縫技巧

褶子—
A 尖褶 027
B 單向褶 027
C 雙向褶（箱褶） 028
D 抽細褶 028

拉鍊—
A 普通拉鍊 029
B 隱形拉鍊 029
C 前開拉鍊 030

下襬縫份處理—
二折三層車縫法 030

腰帶處理—
A 鬆緊帶腰帶 031
B 中腰腰帶 032
C 低腰腰帶 032

口袋—
A 剪接式斜口袋 033
B 脇口袋 034
C 貼式口袋 034
D 單滾邊口袋 035

袖開口—
A 標準式袖開口 036
B 貼邊式袖開口 036
C 滾邊式袖開口 037

無領無袖縫份—
A 無袖外滾式滾邊 038
B 無袖內滾式滾邊 039
無領貼邊式縫製 039
有領台襯衫領 040

前片開襟—
A 半開襟 041
B 全開襟 041

接袖部分縫—
A 方法1 042
B 方法2 042
袖口布縫製 043
檔布縫製 043

C 整燙技巧

A 褶子整燙—
尖褶／單褶／箱褶／細褶 044
B 縫份燙開 044
C 下襬燙縮 044
D 滾邊布燙拔 044

Part 3
裙子‧打版與製作

基本型 01 碎褶裙 046
延伸型 02 階層裙 054
基本型 03 窄裙 061
延伸型 04 波浪裙 070
基本型 05 A字裙 078
延伸型 06 A字箱褶裙 086

Part 4
褲子‧打版與製作

基本型 01 鬆緊帶短褲 096
基本型 02 基本型長褲 106
延伸型 03 五分反折褲 118
延伸型 04 六分束口低腰褲 127

Part 5
上衣‧打版與製作

column 上衣的基礎—婦女原型 140
基本型 01 V領背心 149
延伸型 02 半開襟背心裙 156
基本型 03 有領台襯衫 166
延伸型 04 泡泡袖洋裝 180

附錄

文化式男子襯衫原型版 192
文化式男子襯衫原型尺寸參照表 194
文化式婦女原型尺寸參照表 195

prologue

由於實踐大學推廣教育部「服裝設計系列之服裝構成與製作」的課程需要,讓我有機會將多年來的上課內容與精華整理成冊,感謝姜茂順老師撥空審訂本書,並給予內容編輯與實務製作上的寶貴意見;也謝謝王心微老師耐心地從旁緊盯進度,並且不斷鼓勵,使得本書得以順利完成,本人在此由衷地感謝!

本書的內容設計與安排皆以沒有服裝打版與製作基礎的入門者為主要考量,書中每件作品的打版、製作皆採漸進式的步驟解說,讓初學者們可以照著裡頭的圖文說明,一步步完成自己的衣服。

能完成本書還要特別感謝同學們在繪圖與樣本製作上的協助,謝謝思豪、淑凡、菀珊、宥翔、宜靜、漫姿、山料、秀君、余珊、愛玫、秉芳等同學,在繁重的課業之餘還抽空幫忙,也謝謝擔任模特兒的采芳和雨蓁,大方自然的演出為本書增色不少。

最後,感謝城邦麥浩斯出版的編輯團隊—韻鈴、家偉和美編意雯,能在這麼有限的時間內讓本書付梓出版;希望這本書能對所有剛接觸、想了解服裝打版與製作的讀者們,在基礎概念與實際製作上都有所幫助。

鄭淑玲

鄭淑玲老師所著《服裝製作基礎事典》,讓初學者得以經由書中各項提點輕易上手,從服裝打版至服裝縫製技巧,每個細節都有清楚的圖文對照說明,鉅細靡遺、清楚易懂,且鄭老師在服裝製作擁有將近20年的教學經驗,學經歷豐富,這本書可說得上是一本不可多得的參考實典!

臺北市政府勞工局職業訓練中心 正訓練師　姜茂順 審訂推薦

Part 1
服裝構成基礎概念

A 做衣服基本工具
B 快速看懂紙型
C 量身方法
D 解構服裝製作十大步驟

➕ 製圖用具

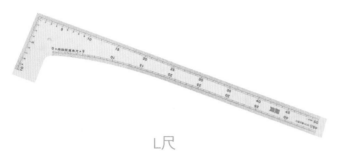

L尺
具備角尺和彎尺的作用，可用來繪製直線與弧線。

皮尺
用來測量彎曲面及幅度大的物體，或丈量身圍尺寸。有分英吋及公分單位。

方格尺
透明狀，尺上有0.5公分的間距。一般長度有40、50和60公分，用來畫直線或縫份平行線時使用。

D彎尺
可用來繪製袖襱、領圍線或脇邊等大曲度線條。

雲尺
又稱「曲線尺」，打版時使用，利用雲尺上的各種弧度可用來繪製或測量領口、袖襱或領圍等彎曲線。

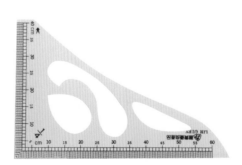

縮尺
用於繪製縮小比例的縮圖時使用，一般有1／4和1／5等規格，適合用於書面上做筆記用途。

鉛筆

通常使用鉛筆來製圖，筆芯
可選用Ｂ或2Ｂ。

剪紙剪刀

裁剪版型的剪刀，長度
以十八公分為宜。

製圖用紙／描圖紙／製圖筆記本

打版繪製版型，可選用牛皮紙或白報紙；
描繪紙型上的線條用透而挺的薄紙；方格
紙則用於繪製縮小尺寸之款式圖，以B4大
小之筆記本為佳。

口紅膠／雙面膠

用於紙型黏合或拼接時
使用。

橡皮擦

用來清除錯誤的製圖
線條。

上衣原型版

上衣原型版適用於繪製背心、背心裙、襯
衫、洋裝和外套時的基本版型，分為女
裝、男裝和童裝。

婦女原型版

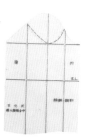

成人女子原型版

> **POINT**｜上衣原型的版型有很多種不同的畫
> 法，以東方人體型而言，適合採用文化式原型。
> 另外，女裝分為婦女原型和新式成人女子原型
> 二種，因婦女原型畫法簡單適合初學者，所以本
> 書採用婦女原型版做為上衣的打版基礎。

縫紉用具

單邊壓腳／隱形壓腳

單邊壓腳有左右單邊二種，是車縫普通拉鍊時使用的。隱型壓腳是車縫隱型拉鍊時使用的，車針位置在中央，二端有二個凹槽，車縫拉鍊時左邊拉鍊對準左邊凹槽，右邊拉鍊對準右邊凹槽車縫，方便又簡單。

整燙用墊布

主要做為熨燙時保護表布之用，如毛織物或化學纖維等織物，若直接用熨斗熨燙則容易造成布料損傷或發亮，此時便可使用胚布或麻襯當墊布，避免熨燙時損傷表布。

棉線（疏縫線）

主要用於做線釘記號、假縫及正縫準備等。常見的棉線有白、紅、藍三種顏色，通常使用白棉線為多。棉線使用時可用剪刀從中間剪開，綁成一束，之後從末端抽出即可。

車縫針

一般家庭式桌上型縫紉機因機種不同而有圓針和扁針之分，而工業用車通常為圓針。針號一般用9、11、14號，號碼越大針越粗，薄布料用9號，厚布料用14號針。

珠針與絲針

珠針是用來暫時固定布料或版型時使用，可輔助布料縫製時不易脫落。絲針通常是立體裁剪或是試穿補正時使用，車縫時亦可用來固定縫份。

手縫針

手縫時所使用的針，號碼愈小的針愈粗，使用時應配合布的厚度使用合適的針。

穿線器

用來穿針引線的工具，可協助將線輕鬆的穿過針孔。

手縫線

手縫時所使用的線，較車縫線來得粗且硬，手縫時較不易打結。

車縫線

以縫紉機車縫時所使用的線，較軟且細，一般車縫線最常用的是80號，號碼越大越細。

粉片（粉土）

在布上描版型使用，可用濕布或以手拍打消去痕跡，可配合消粉片器使用。

頂針

頂針通常由金屬、塑膠、或皮革所製成。穿套後使用，可在手指將縫針頂過衣料時達到保護手指的作用。

點線器

與布料專用複寫紙一起使用，記號線分為點狀和線狀。使用時將布料反面朝上，複寫紙置中，紙型置上，以滾輪的動作依紙型的輪廓複印於布料上。

布剪

用來裁剪布料的剪刀，為了保持剪刀的銳利度，使用時應與其他用途的剪刀分開使用。

大小組螺絲起子

大螺絲起子是用來更換壓腳時使用的工具，而小螺絲起子是用來換針的工具。

噴霧器

應用於衣料之修整或完工的熨燙時使用，主要用於廣面積的噴水。選購時應選擇噴出的霧氣細而平均，且以不滴落水滴為原則。

穿鬆緊帶器

將鬆緊帶用穿鬆緊帶器夾住並扣緊，再穿入腰帶、袖口、領口或褲口縫份內。

針包

通常由棉布縫製而成，可將手縫針、珠針、大頭針等插放於針包上，下方有鬆緊帶可戴在手上，方便隨時取用。

定規器

縫紉用的定規器具備磁鐵，可吸附於縫紉機針板上，用來輔助以準確的尺寸進行車縫。

文鎮／大理石

裁布時使紙型或布能穩定不易移動產生偏差。大理石亦有整燙後安定縫份和吸熱的功能。

錐子

可用來拉出領子或車縫時推布、壓布以方便車縫，也可用來挑線或拆線用。

線剪

用來裁剪縫線和線頭，以短小銳利為佳。

拆線器

拆除縫線時使用，可快速拆線。

🔶 硬體設備

縫紉機的種類依照用途，可分為家用縫紉機、工業用縫紉機和特殊用途縫紉機。另外還有被設計用來配合特殊縫製目的與功能的專用縫紉機，如鎖釦眼縫紉機、拷克機等。

家用縫紉機

為家庭內裁縫所使用的縫紉機，構造簡單且保養容易，是目前最普遍且容易操作的縫紉機。

工業用縫紉機

又稱平車，構造上使用較強力的馬達且具備高速迴轉的機械功能。

拷克機

主要是用於布邊的拷克，可預防布邊脫紗，也常用於接縫布料，一般搭配三線或四線拷克。

熨斗

分為家庭用熨斗和職業用熨斗，通常服裝製作多使用蒸汽電熨斗，這類電熨斗具有調溫和噴霧功能，可讓使用者根據布料的不同耐熱性來調節熨燙溫度，以免燙縮或燙焦。選擇熨斗時可選擇重量約為1.7～2.5kg，熱度400～600W的熨斗較為合適。

人台

為服裝設計、立體裁剪、試穿等過程中所需要使用的人體模型。依據功能的不同常見　　的　有婦女用、兒童用、男子用等種類。

燙馬

常用於熨燙肩部、袖襱、褲襱、臀部等需要立體且不能放平的部位，配合整燙的目的可選擇硬度適中且圓潤的燙馬。常見的有饅頭型燙馬、袖燙馬等。

✚ 副料

腰帶襯
較一般布襯厚，通常用於裙頭和褲頭，增加布料的硬挺度。

牽條
牽條一般是由化纖黏襯（洋裁襯）所製作，最常見的有黑白二種，寬度約1～1.5公分。

胚布／布料／布襯
胚布常用來做為檢視樣品的預裁布料，價位低、易取得、易標示，亦常用來作裙／褲頭裡或口袋帶布；另外，較適合初學者使用的布料為棉麻平織或斜紋布，舒適透氣、平整易車不易變形；布襯則分毛襯、麻襯、棉襯和化纖黏襯（洋裁襯）等種類，一般成衣因製作速度與便利性之考量，多使用洋裁襯。

裙鉤
一般裙鉤以子鉤和母鉤為一對，使用於拉鍊開口處扣合。

鈕釦
鈕釦依照裝飾與功能性差異，而有顏色、材質、形狀的不同。

包釦
一組包釦有一個釦子和一個蓋片，以鈕釦直徑兩倍寬度的小布片包上。

鬆緊帶
常見的鬆緊帶以黑白兩色為多，有各種不同寬度可供選擇。通常用於裙頭、褲頭、領口、袖口、褲管等地方。

鬆緊帶絲
使用時需先捲繞在梭心中再放入梭殼，如同下線，車縫時將布料正面朝上，車縫後會產生鬆緊度；常見的鬆緊絲有黑白兩色。

拉鍊
常見的拉鍊有普通拉鏈和隱形拉鍊，使用時可依照車縫部位選擇適合的長度，並依據布料花色選擇拉鍊的顏色。

人體部位說明

B／BL	胸圍Bust／胸圍線Bust Line
UB	乳下圍Under Bust
W／WL	腰圍Waist／腰圍線Waist Line
H／HL	臀圍Hip／臀圍線Hip Line
MH／MHL	中腰圍Middle Hip／中腰圍線Middle Hip Line
EL	肘線Elbow Line
KL	膝線Knee Line
BP	乳尖點Bust Point
FNP／BNP	頸圍前／後中心點Front／Back Neck Point
SNP	側頸點Side Neck Point
SP	肩點Shoulder Point
AH	袖襱Arm Hole

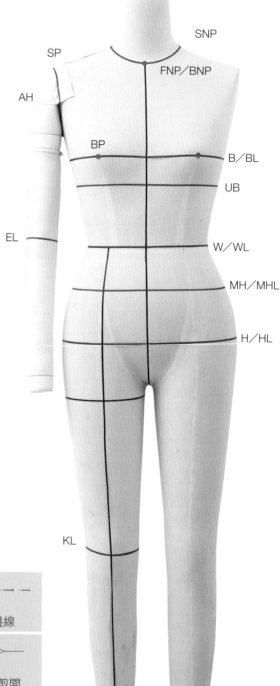

製圖符號

直角記號	直布紋記號	斜布紋記號	貼邊線
箱褶記號	紙型合併記號	折雙線	折疊剪開
伸燙記號	縮縫記號	縮燙記號	單褶記號
等分記號	順毛方向	襯布線	重疊交叉記號

⊕ 裙褲紙型說明

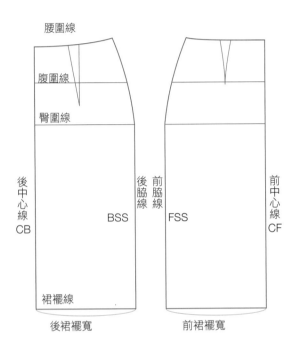

腰圍線
腹圍線
臀圍線
後中心線 CB
後脇線
BSS
前脇線
FSS
前中心線 CF
裙襬線
後裙襬寬
前裙襬寬

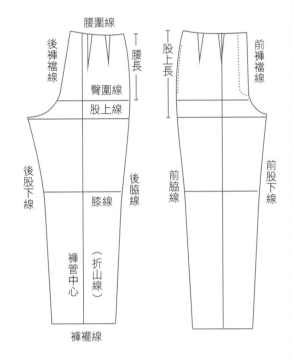

腰圍線
腰長
股上長
後褲襠線
臀圍線
股上線
股上長
前褲襠線
後股下線
後脇線
膝線
前脇線
前股下線
褲管中心
(折山線)
褲襬線

⊕ 上衣紙型說明

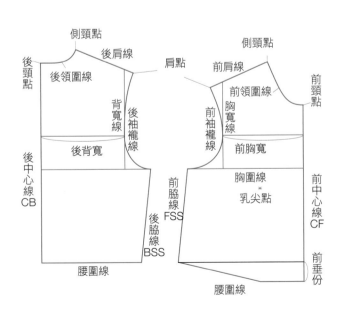

側頸點
後肩線
後頸點
後領圍線
肩點
前肩線
側頸點
前領圍線
前頸點
背寬線
後袖襱線
胸寬線
前袖襱線
後背寬
前胸寬
後中心線 CB
前脇線 FSS
胸圍線
乳尖點
前中心線 CF
後脇線 BSS
腰圍線
腰圍線
前垂份

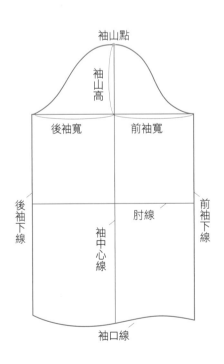

袖山點
袖山高
後袖寬
前袖寬
後袖下線
肘線
前袖下線
袖中心線
袖口線

精確量身要點

※量身前須準備腰圍帶（可用鬆緊帶代替）、標示帶、皮尺、記錄本、鉛筆等。

※受量者：為求量身精確，受量者應盡量穿著輕薄合身的服裝，以自然姿勢站好。

※量身者：量身者站立於受量者右斜前方為佳，並於量身前預估量身部位的順序，在量身時也要注意觀察受量者的體型特徵。

※量身前先在被量身者身上用腰圍帶標出位置，再用標示帶點出前頸點、側頸點、後頸點、肩點、乳尖點、前腋點、後腋點、肘點、手腕點和腳踝點等位置。

⊕ 周圍量法

胸圍

經過乳尖點，把皮尺以水平環繞胸圍一圈，注意不可束緊測量。

乳尖點(BP)：即乳房最突出的點。

腰圍

將束著腰圍帶的位置環繞一圈測量，也就是人體軀幹最細的部位圍一圈。

腹圍（中腰圍）

在腰圍線與臀圍線中央的位置（約低於腰圍線8～10公分），水平繞一圈。

臀圍

在臀部最凸出點以水平環繞測量一圈。

POINT｜腹部突出或大腿部發達的人，需酌量凸出的份量，避免尺寸不足。

頸根部圍

豎起皮尺，經過頸後中心點、側頸點至頸圍前中心點測量一周。

POINT｜前頸點(FNP)：位於前片頸部旁兩鎖骨中間凹陷的地方。
後頸點(BNP)：頸椎第七個突出部分，頭部向前傾時會出現突起，可自身體表面上觸知。

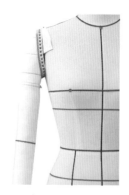

手臂根部圍

經過肩端點、前後腋點，環繞手臂根部測量一圈。

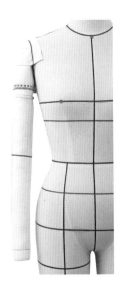

上臂圍

在上臂最粗的位置，水平環繞一圈而量。

肘圍

彎曲肘部，經過肘點處環繞一圈。

肘點：即肘關節的突起點，彎曲肘部時最突出之骨的突點。

手腕圍

繞過手根點，環量一圈的尺寸。

✚ 寬度量法

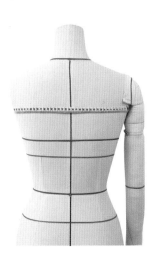

背寬

量背部左右兩側後腋點間的尺寸。

POINT｜手臂與後身交界處會產生縱向的皺紋，此處即為後腋點。

胸寬

量胸部左右兩側前腋點間的尺寸。

POINT｜手臂與前身交界處會產生縱向的皺紋，此處即為前腋點。

背肩寬

左右肩端點之間的寬度。量時須經過頸圍後中心點。

POINT|肩點(SP)：從側面看時，約在上臂寬度中點位置，比肩峰點稍偏向前方。此點同時也是衣袖縫合時袖山點的位置。

小肩寬

側頸點量至肩點的寬度。

側頸點(SNP)：同時也是決定肩線的基點。位於頸圍線上，從側面看，一般為頸根部寬度的中央稍靠後側位置。由於此處沒有骨頭做為基準點，所以要先觀察前後左右的均衡再做決定。

⊕ 長度量法

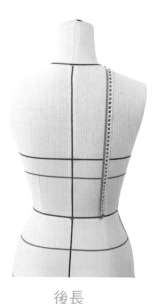

乳下

自側頸點量至乳尖點的長度。

前長

將皮尺垂直自側頸點經乳尖點量至腰圍線。（經乳房下方，用手輕壓弧度。）

後長

自側頸點經肩胛骨量至腰圍線。

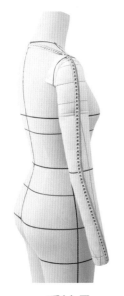

肘長

袖長

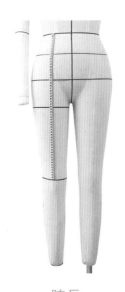

肩袖長

自頸圍後中心點經過肩點，順延自然下垂的手臂，量至手腕。

袖長／肘長

手略彎30度，自肩點量至手腕的尺寸為袖長；自肩點至肘點則為肘長。

POINT｜手腕點：手腕骨的突起處，也是尺骨的最下端之點。

膝長

自腰圍線量至膝蓋骨中央的長度則為膝長。

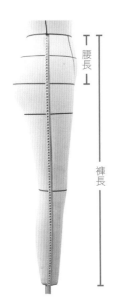

腰長

褲長

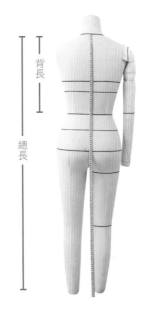

背長

總長

股上

股上

股下

POINT｜將臀溝輕輕推上去，量至足踝的長度為股下；褲長減去股下的尺寸即為股上。
股上的另一量法為坐在椅面上，從側邊腰圍線量至椅面的長度。

腰長／褲長

自側面腰圍線至臀圍線間約18～20公分的長，自側面的腰圍線經過膝蓋量至腳的外踝點即褲長。

POINT｜腳踝：下肢腓骨最下端外側之突出點。

總長／背長

自頸圍後中心點，垂直放下布尺，並在腰圍線上輕壓，一直至地板的長度為總長；自頸圍後中心點，至腰圍帶中央則為背長。

股上／股下

以尺水平至於跨下，腰圍線到尺的距離為股上；尺到腳趾的長度為股下。

量身參考尺寸表

尺寸名稱	M size 中等尺寸參考表 單位：公分
1. 胸圍	82~84
2. 腰圍	63~65
3. 腹圍（中腰圍）	84~86
4. 臀圍	90~92
5. 頸根部圍	35~37
6. 手臂根部圍	36~38
7. 上臂圍	26~28
8. 肘圍	27~29
9. 手腕圍	15~17
11. 背寬	33~34
12. 胸寬	32~33
13. 背肩寬	37~39
14. 小肩寬	12~13
15. 背長	36~38
16. 總長	134~136
17. 乳下	23~25
18. 腰長	18~20
19. 股上／股下	26~27／67~68
20. 肩袖長	70~72
21. 袖長	52~54
22. 肘長	28~30
23. 膝長	55~57
24. 褲長	93~95
25. 前長	42~43
26. 後長	40~41

D 解構服裝製作十大步驟

服裝製作流程可粗分為收集資料、確認款式、量身、打版、分版、胚衣製作、排版裁布和做記號、燙襯、拷克、車縫製作等十個步驟。

---

step1.收集資料
針對對象或製作目的之需要，蒐集、分析流行情報與市場資料，進行打版款式的分析與企畫相關內容。

step2.確認款式
確認所要打版的服裝款式，繪製平面圖，應包括衣服正、反兩面，剪接線、裝飾線、釦子與口袋位置、領子、袖子等細節式樣。繪製的尺寸比例應力求精確，有利於後續打版流程的順利進行。

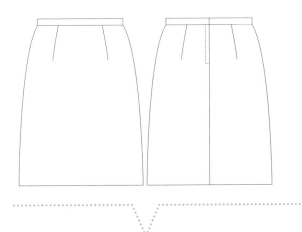

step3.量身
依照打版款式所需的各部位尺寸進行精確的量身工作。

step4.打版
根據平面圖與量身所得尺寸，將設計款式繪製成平面樣版；打版完的製圖稱為原始版或母版，應保留原始版以利之後版型的修正或檢視用。

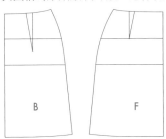

step5.胚衣製作和修版
正式製作前，先用胚布裁布車粗針（針距大一些）試穿，胚衣試穿的目的是檢視衣服的線條、寬鬆度及各部位的比例是否恰當，若發現有不理想的地方立即修正紙型。

裙子裁片檢查

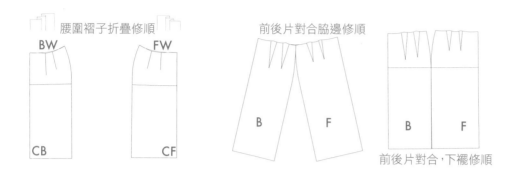

腰圍褶子折疊修順
BW　　FW
CB　　CF

前後片對合脇邊修順
B　F

前後片對合,下襬修順
B　F

褲子裁片檢查

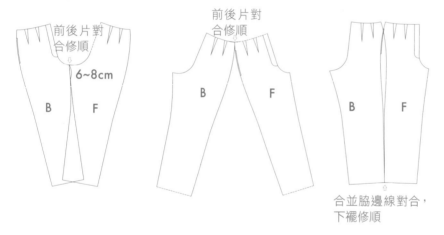

前後片對合修順
6~8cm
B　F

前後片對合修順
B　F

合並脇邊線對合,
下襬修順
B　F

上衣裁片檢查

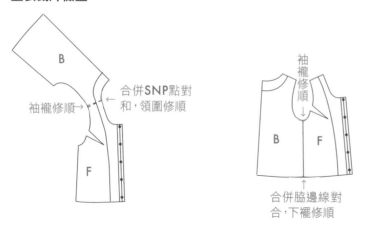

B
袖襱修順→
合併SNP點對和,領圍修順
F

袖襱修順
合併脇邊線對合,下襬修順
B　F

step6.分版

打版完成後要先分版，紙型上要確認各分版的名稱、紙型布紋方向、裁片數、拉鍊止點、褶子止點或對合記號位置，以及各部位縫份尺寸、拷克位置。

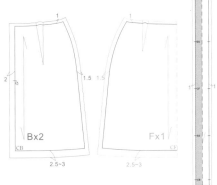

> **POINT**｜彎曲線條如腰線、袖襱和領圍線縫份留1公分，直線如肩線、脇邊可留1.5～2公分；下襱線則視線條決定不同尺寸，直線條縫份留約3～4公分，弧度大者縫份留少些約1.5～2.5公分即可。

step7.排版裁布和做記號

用布量計算

打版完成後要計算該款式所使用的用布量，用布量的計算依款式、體型、和布幅寬而不同，款式越寬鬆，長度越長，所需的用布量就越多，體型豐滿比體型瘦小的用布量也會較多。一般購買布料的通用單位是一碼，一碼為3尺，1尺是30公分。

> **POINT**｜買布時需要注意，單幅就是窄幅，織布寬較窄，雙幅就是寬幅，織布寬較寬；所以在購買同一款式的布料時，單幅所需的長度會比雙幅長。
> 單幅（窄幅）：一般是指2尺4（72公分）、3尺（90公分）、3尺8（114公分）的布幅寬。
> 雙幅（寬幅）：一般是指144公分以上的布幅寬。

> **用布量試算**｜例如一件A字裙用布量為：臀圍＝92 cm，裙長＝60 cm
> 單幅：（裙長+縫份）×2：布料幅寬不夠將前後版型排在一起，所以用布量為裙長60加上縫分約10公分的二倍。（60 cm +10 cm）×2=140 cm，約五尺。
> 雙幅：（裙長+縫份）：布料幅寬夠寬，可以將前後片排在一起，所以用布量只需要裙長60公分加上縫分約10公分即可。（60 cm +10 cm）=70cm，約二尺半。

分辨布料正反面

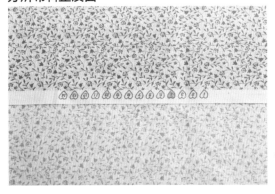

- 布料正面花紋，配色較反面清晰美觀，也較平滑，不會出現明顯線結。
- 條紋織物正面較反面顯著勻整。
- 起毛織物以平整或有倒向的為正面。
- 多臂織物、提花織物以紋路配色勻整的為正面。
- 有文字邊的織物，可以字體形狀決定其正反面。
- 布頭或布邊織有商標著，多為正面。
- 絨毛類織物，以絨毛直立面為正面。
- 經過上膠加工或貼合加工之織物，有膠或貼合的為反面。
- 大部分的斜紋布，如將經線以上下方向放置，正面的斜紋方向通常呈現由右上往左下的方向，以斜紋明顯的為正面。

布料縮水和整布

在裁剪布料前，應視布料種類來做縮水和整燙處理，一般需要縮水的布料為棉麻織品，將布料浸水後取出陰乾，不可用烘乾或直接在大太陽底下曬乾。

> **熨燙布料的溫度**｜棉麻織品：高溫熨燙，溫度160～180℃。
> 毛織品：可先用噴霧方式將料噴濕，隔空熨燙溫度約為150～160℃。
> 絲織品：直接乾燙，不須縮水，溫度130～140℃。
> 人造纖維品：低溫熨燙，溫度120～130℃。

排版

- 排版時應注意對正紙型與布的布紋方向。
- 以節省布料為原則，先排大片紙型，再於空檔處排入小片紙型。
- 畫粉記號應作在布料反面，以白色或淺色畫粉為佳。
- 於有方向性圖案的布料上（如絨布）排版，須注意圖案的連續性，不可將紙型倒置裁剪，並達到左右片對稱的要求。

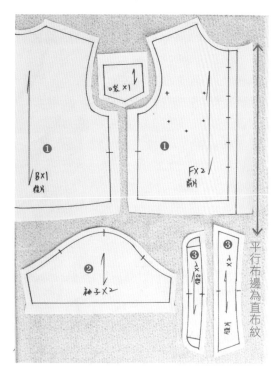

平行布邊為直布紋

裁布

裁前應先以文鎮或珠針將紙型和布固定住，再依照記號線準確的裁剪，避免歪斜而使上下兩片產生誤差。

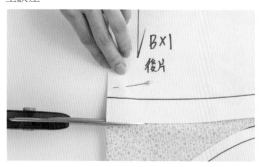

step8. 燙襯

燙襯可增加布料的硬挺度並提高布料的耐用度，具有防止拉伸的定型功能；一般常見的有毛襯、麻襯、棉襯和化纖黏襯(洋裁襯)，以上除化纖黏襯須使用熨燙固定外，其餘三種皆以手縫固定為主。通常用於領子、貼邊、口袋口、拉鍊兩側、袖口布和外套的前衣身等。

| 襯的縫份留法 | **a.表布壓裝飾線的燙襯法**
襯不留縫份，以紙型完成線裁剪即可。
b.表布不壓裝飾線的燙襯法
❶厚布料：為減少完成後的縫份厚度，以完成線至完成線外0.3公分為襯的縫份。
❷薄布料：縫份同表布裁片。 | 
a
b-1
b-2 |

| 燙襯說明 | **a.溫度**
厚質料溫度150～160℃，中等厚度質料140～150℃，薄布料120～130℃。
b.時間
壓燙時間依照布料厚度不同而有差異，一般約為8～15秒
c.壓力
由上往下用力壓燙，避免以滑動的方式熨燙。 |  |

step9. 拷克

拷克的目的是防止毛邊並保持裁邊的完整性和方便車縫，通常拷克的位置為脇邊線、剪接線、肩線和須手縫的下襬線，而腰圍線、領圍線和袖襱線則不需要拷克。

> POINT｜由於腰圍線的縫份會被腰帶或貼邊蓋住；領圍線的縫份會被領子或貼邊縫住；袖子袖襱線的縫份則是先和衣身車縫後再一起拷克，以減少厚度，因此這些部位不需要拷克。

step10. 車縫流程

服裝製作的大綱流程，因不同的款式設計，製作的順序可能會有所不同。本書每件作品於Preview重點步驟瀏覽處有流程提示。

Part 2
手縫、車縫、整燙技巧

A 必學手縫針法
B 各部位車縫技巧
C 整燙技巧

Part2
A必學手縫針法

Step1將穿線器穿入手縫針孔內

Step2接著手縫線穿入穿線器的孔洞。

Step3將穿線器從手縫針孔內拉出。

平針縫
正面與反面的針距長度均相同,一般針距約0.4～0.5公分,多應用於固定二片布的手縫法。

全回針縫
即回縫一針再戳入布裡前進一針的縫法。針距約0.4～0.5公分,縫出的效果如同車縫,為手縫代替車縫時使用的縫法。

半回針縫
縫一針,回轉半針的縫法,多應用於固定裡布和表布的縫法。

星止縫
縫一針,回轉一根紗線,是回針縫法的應用,多用於外套固定表布、襯布及牽條的做法。

疏縫
車縫或手縫前為避免上下兩片布無法準確對齊,可先將上下兩布片以疏縫固定,疏縫時線應拉平,不可有縮緊或牽扯的情形,避免影響後續的縫製工作。

細針縮縫
於完成線外0.2和0.5公分處使用棉線細針(針距約0.2～0.3公分)平針縫,此法常用於袖山縮份和抽細褶時使用。

斜疏縫
縫線呈斜向線路,為固定貼邊或外套前襟等兩片布料容易滑脫的縫法。

剪線假縫(線釘)
線釘用於難以用粉片做記號的布料上,以棉線兩條,先疏縫再剪開留下線釘,線釘長度大約0.3～0.4公分。

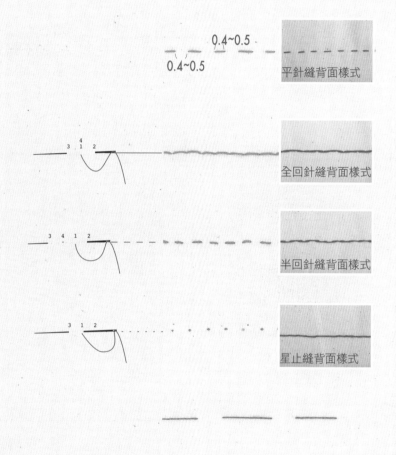

0.4~0.5

0.4~0.5

平針縫背面樣式

全回針縫背面樣式

半回針縫背面樣式

星止縫背面樣式

2.5-3cm

0.5cm

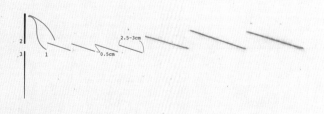

Step1先疏縫

→Step1再剪開,留下線釘

斜針縫、直針縫、藏針縫以下縫法通常用於衣襬、裙襬、褲口或袖口等沒
有拷克的手縫法，將縫份先折燙0.5公分，再折燙完成線後手縫，而交叉縫
常用於拷克後的手逢。手縫時先以假縫固定布料，待手縫完成後，再將假
縫線抽去即可。

斜針縫
線路成斜線，用於領口、袖口、衣襬等
折邊。

完成線樣式

step1先假縫　　　　　　　　→step2斜針縫　　　　→step3抽掉假縫線

直針縫
線路呈直線，常用於袖口、衣襬等折邊
或滾邊反面之固定縫法，縫完的線跡
通常並不明顯。

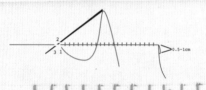

完成線樣式。

step1先假縫　　　　　　　　→step2直針縫　　　　→step3抽掉假縫線

藏針縫
布面看不見線，可用於袖口、衣襬的折
邊，或裡布衣襬要固定於表布時使用。

完成線樣式

step1先假縫　　　　　　→step2藏針縫　　→step3抽掉假縫線，正面幾乎看不見線。

交叉縫（千鳥縫）
常用於袖口、衣襬等拷克後的手縫法，
由於手縫時對於表布所挑的布很少，因
此從表布表面幾乎看不到縫線。
POINT | 此為手縫於布料背面的樣式。

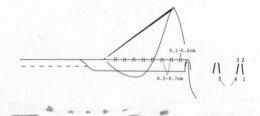

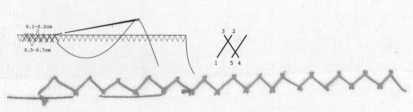

step1先假縫　　　　　　→step2交叉縫　　　　　→step3抽掉假縫線，正面幾乎看不見線。

手縫鈕釦

釦子通常分為二個孔洞、四個孔洞和包釦三種,一般鈕釦縫法有三種。

不縫力釦的縫法

即一般釦子的縫法,使用手縫線雙線,每一個孔洞需要縫二到三次,以免脫落。

二個孔洞的釦子縫法很簡單,就是左右縫二到三次即可。四個孔洞的縫法就有很多變化如:＝、╳、□型狀。

B **縫力釦的縫法**

在布料正面釦子的後面縫一個小力釦(即二個孔洞的小釦子),目的是加強正面大釦子的支撐力;通常用於一般外套或大衣布料較厚、釦子較大時的縫法。

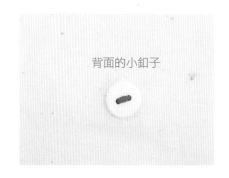

背面的小釦子

C **包釦做法順序**

Step1 採用同色布或配色布來製作,布料大小為釦子直徑的兩倍,若是布料有花色,將想要的圖案置中裁剪。

Step2 在布料周圍縫二道細針縮縫。

Step3 拉二條線使布料縮起,將包釦置於布料中間包起來,注意周圍不能產生皺褶。

Step4 底釦扣住布料。

Step5 完成。

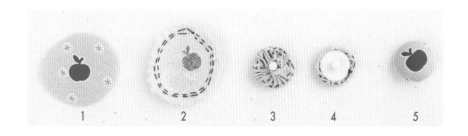

手縫裙鉤

裙勾由子勾和母勾所組成,若開口為左蓋右(即重疊分在右片),此時將子勾縫於右片往內0.5公分,母勾縫於左片中心往內0.5公分處。

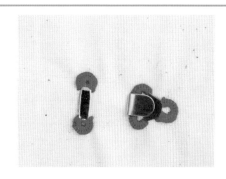

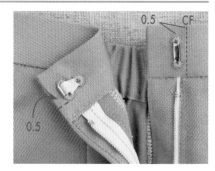

開口為左蓋右的縫法。

B各部位車縫技巧

褶子

A 尖褶

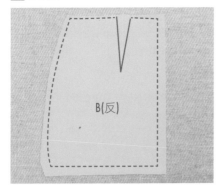

1 尖褶裁片。

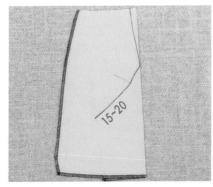

2 將褶子的褶寬中心線對折,從褶尖車縫(不回針留線15～20公分)至腰線的縫份上回針。

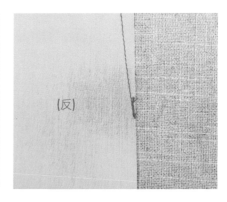

3 手縫針穿線,在褶尖打結穿入2～3針的針目中,以防脫落。

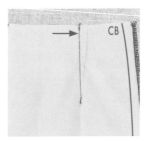

POINT | 薄布料、一般布料完成後,縫份通常倒向中心。

POINT | 不易毛邊的厚布料完成後,縫份中心裁開燙平。

POINT | 易毛邊的厚布料完成後,縫份折中燙平,再星止縫固定縫分。

B 單向褶

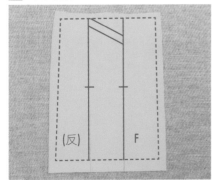

1 單褶裁片。

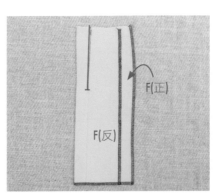

2 從腰線縫份處車至褶子止點。

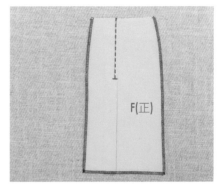

3 縫份依款式需要倒左或倒右整燙,再由正面車縫0.5公分裝飾線固定。

C 雙向褶（箱褶）

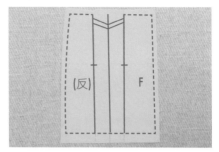

1 箱褶裁片。

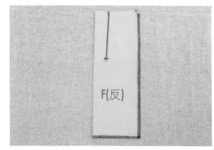

2 從腰線縫份處車至箱褶止點。

3 縫份折中燙開。

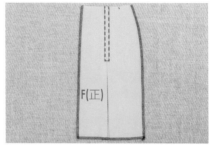

4 由正面車線處左右車縫0.5公分裝飾線固定縫份。

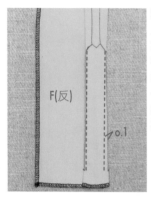

POINT 可在反面止點下左右縫份處車縫0.1公分至下襬處，目的為加強褶子的穩定性。但僅適用於較挺的布料，柔軟的布料則不適合。

D 抽細褶

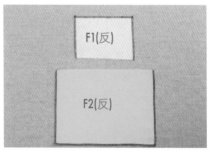

1 細褶裁片。

2 將欲抽細褶處的完成線外0.2和0.5公分處車縫二道粗針。

3 拉底線使之產生皺褶（因為下線較鬆，比較好拉動），皺褶拉平均後用熨斗整燙，使縫份安定。
POINT 對合上片，寬度要一致。

4 將下片與上片正面對正面車縫固定。

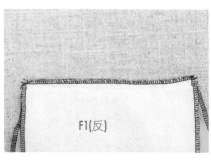

5 上下片縫份一起拷克。

6 縫份倒向上片（F1）壓0.1～0.5公分裝飾線固定縫份。

拉鍊

A 普通拉鍊 （以拉鍊開在後中心為例）

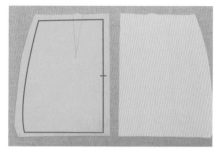

1 普通拉鍊裁片。(後片2片)

2 上拉鍊處粗針車縫至拉鍊止點,從止點至下襬細針車縫、頭尾來回針。

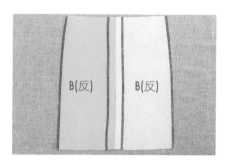

3 將後中心縫份燙開。

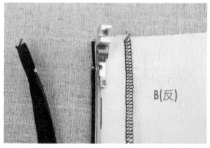

4 車縫左側拉鍊,右側縫份依完成線折出0.3公分,車縫拉鍊軌道邊0.1公分。

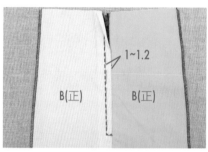

5 距離1~1.2公分處假縫左側拉鍊,再從腰線車縫至拉鍊止點回針。(止點處回針三次加強。)

6 拆除假縫線,完成。

B 隱形拉鍊 （如拉鍊開在後中心,隱型拉鍊長度需準備比實際拉鍊長多一吋。）

1 上拉鍊處粗針車縫至拉鍊止點,再從開口止點至下襬細針車縫、頭尾來回針,縫份燙開。

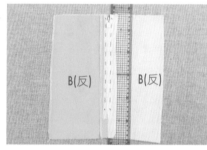

2 將隱形拉鍊正面朝向後片反面的後中心線上,用方格尺置於縫份下,再將拉鍊與縫份假縫固定0.5公分。

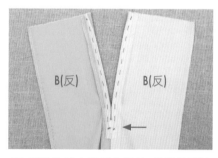

3 拆除拉鍊止點以上粗針,將拉鍊頭拉至止點以下。(即正面看不見拉鍊。)

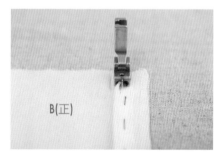

4 正面朝上,翻開縫份置於隱型壓腳下,由上而下車縫二側拉鍊至止點。
POINT 車縫左側拉鍊就對齊左側壓腳孔,車縫右側拉鍊就對齊右側壓腳。

5 利用單邊壓腳,再將隱形拉鍊和縫份車縫0.5公分加強固定。

6 完成。

1 前開拉鍊裁片。（前片二片，持出布一片，貼邊布一片）

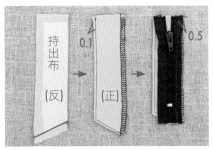

2 將持出布車縫下方完成線，縫份修剪至0.5公分翻回正面整燙後壓縫0.1公分，再將拉鍊置於持出布上車縫0.5公分固定。

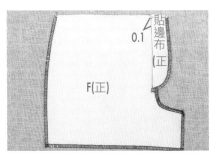

3 將貼邊布縫份修剪0.2公分再與左前褲身車縫，並在貼邊布上與縫份壓0.1公分。

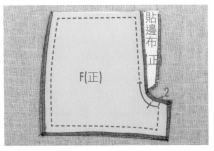

4 車縫左右前片褲子，從拉鍊止點至股下線上2公分處。
POINT | 不可車到貼邊。

5 右身片縫份燙出0.3公分。

6 右身片與持出布拉鍊車縫0.1公分。

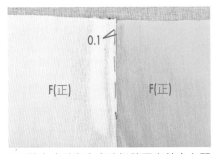

7 將左身片與右身片假縫固定前中心開口。

8 將方格尺置於前片的反面貼邊布縫份下，將貼邊布與拉鍊假縫後車縫0.5公分固定。

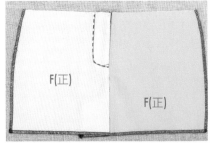

9 從正面3～3.5公分處壓縫裝飾線，拆除假縫後即完成。

下襬縫份處理

二折三層車縫法

1 下襬縫份一般採用二折三層車縫，先將縫份折0.5～1公分，再燙至完成線。

2 假縫後再車縫即可。
POINT | 手縫也可處理下襬縫份。分成拷克和沒有拷克二種，拷克後通常為交叉縫，沒有拷克通常為二折三層後的直針縫、斜針縫和藏針縫。

腰帶處理

A 鬆緊帶腰帶

如何使用鬆緊帶器？

將穿鬆緊帶器打開夾住鬆緊帶。

再將環扣往下拉，扣住鬆緊帶。記得要扣緊鬆緊帶，否則在穿入裙褲頭時鬆緊帶就會容易鬆開。

1 裁片。（腰帶一片）

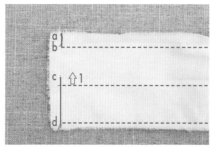

2 腰帶車縫a→b（即裡腰帶縫份），c→d（表腰帶寬度加縫份），b→c不須車縫，為穿鬆緊帶的寬度。

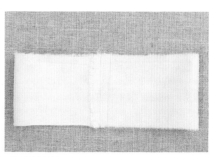

3 縫份燙開。

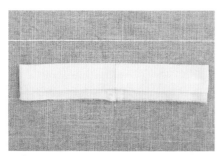

4 將a→b尺寸縫份向內折燙，再對燙。

5 將表腰帶縫份對齊裙子WL，正面對正面，車縫完成線。

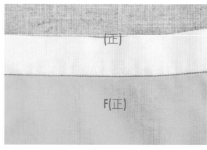

6 腰帶折入，假縫固定縫份，從正面落機車縫。

7 以穿鬆緊帶器夾住鬆緊帶從脇邊（b→c）的孔洞穿入。

8 繞一圈後再從同一孔洞穿出來

9 前後鬆緊帶平放交疊1公分，車0.5公分三次。

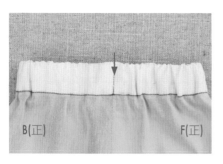

10 將鬆緊帶左右拉平，使鬆緊帶放鬆平均，再從脇邊正面落機車縫固定鬆緊帶，避免鬆緊帶翻轉不平，即完成。

B 中腰腰帶

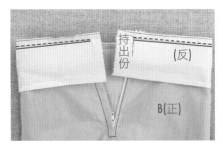

1 腰帶布貼襯，沒有襯的一端折燙0.7~0.8公分，再對折燙；接著正面相對置於裙子腰圍線上。對合後中心、脇邊、前中心，車縫完成線外0.1公分。
POINT | 車縫完成線外0.1公分為腰帶布往上翻起時襯的厚度。

2 將腰帶布沿著腰帶襯往後反折，車縫I型和L型（即持出份量），修剪縫份後再翻至正面。

3 將腰帶內部縫份假縫固定，再從正面沿著腰帶下線車縫（即落機車縫）以固定反面縫份。
POINT | 注意腰帶自拉鏈往上拉時，左右腰帶要對合平整一樣高度。

C 低腰腰帶

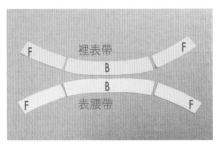

1 裁片。（表腰帶三片，裡腰帶三片）

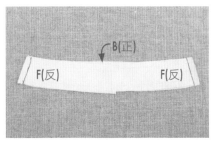

2 裡腰帶、表腰帶皆前後片脇邊車縫，縫份燙開。

3 裡腰帶上方縫份修0.2公分，下方縫份往上折燙約0.8公分。
POINT | 視布料厚薄決定往上折的寬度。

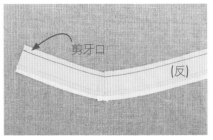

4 表裡腰帶正面相對，車縫裡腰帶完成線，接著剪牙口、燙開縫份，翻回正面。

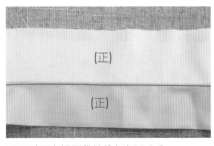

POINT | 可在裡腰帶縫份上車0.1公分。

5 表腰帶與褲子正面與正面，對合CF、CB、CF和持出份，車縫腰圍完成線。

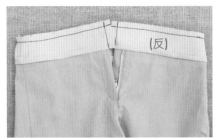

6 將裡腰帶反折，前中心左右車縫I型，修縫份後翻至正面。

7 假縫固定腰圍縫份，從正面壓縫裝飾線0.1公分。

8 完成。

口袋

A 剪接式斜口袋

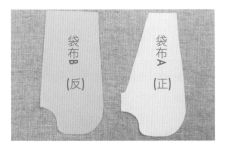

1 裁片。（袋布A一片，袋布B一片）

2 將袋布A的口袋口縫份修剪0.2公分，與前片口袋口正面相對、縫份對齊，車縫袋布A完成線。

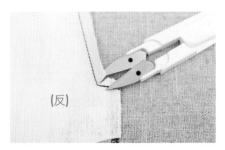

3 口袋止點剪牙口，縫份燙開。

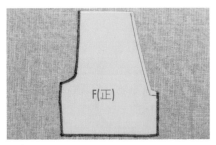

4 車縫袋布A0.1公分裝飾線後，將口袋布A翻至反面，從正面壓縫裝飾線0.5公分。

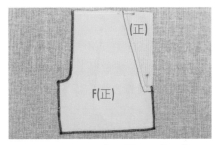

5 將口袋布B正面對合前片口袋口位置，用珠針固定袋口上下位置。

6 前片翻起，將袋布A、B車縫0.5公分固定後再拷克。

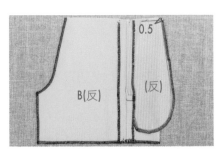

7 將前片和袋布AB車縫0.5公分，固定腰線縫份袋口位置，完成後即可縫合後片。

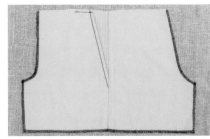

8 完成。

B 脇口袋

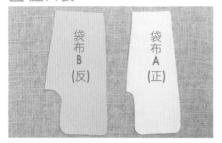

1 裁片。（袋布A一片，袋布B一片）

2 將袋布A縫份修剪0.2公分，置於前片口袋口位置，對合後車縫前片脇邊縫份1/2寬。

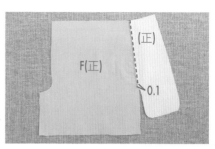

3 將袋布A倒向縫份壓縫0.1公分。

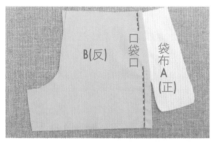

4 後片與前片正面相對、脇邊對合，車縫袋口位置上下的完成線。

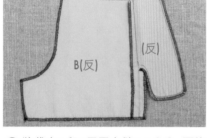

5 前後片脇邊縫份燙開。

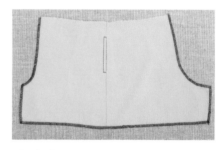

6 於前片正面，將前片與袋布A在袋口處車縫0.5公分裝飾線。

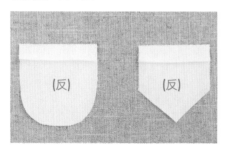

7 將袋布B正面對合袋布A，車縫袋布B與後片脇邊完成線。
POINT | 小心勿車到袋布A。

8 將袋布A與B周圍車縫0.5公分，再拷克。

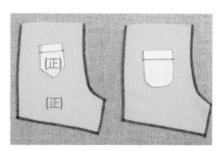

9 完成。

C 貼式口袋

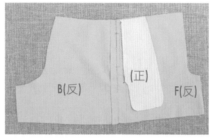

1 裁片口袋口貼襯。縫份先折0.5再折完成線車縫。
POINT | 布料較厚時，可直接拷克後車縫。

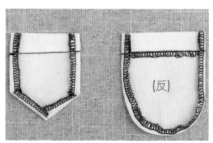

2 尖角貼式口袋將縫份燙入；圓式貼式口袋將圓角處燙縮。

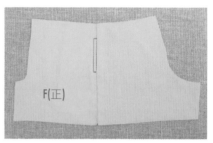

3 假縫至預放口袋的褲身上，然後車縫口袋周圍。

D 單滾邊口袋

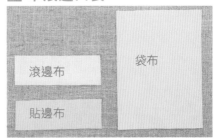

1 裁片。（滾邊布一片，貼邊布一片，袋布一片，）

2 將口袋滾邊布折燙滾邊完成寬線並將完成線置於口袋口下線車縫，車縫長度為口袋口長。

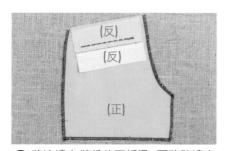

3 將滾邊布縫份往下折燙，再將貼邊布置於滾邊布上方，車縫完成線1公分。
POINT 二條平行線車縫的寬度即單滾邊的寬度。

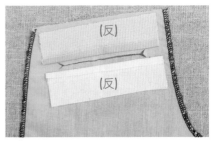

4 縫份燙開，剪Y型，再將滾邊布與貼邊布翻至反面。

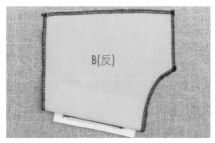

5 假縫袋口，翻起表布，將縫份與滾邊布車縫固定。
POINT 不能車到貼邊布。

6 車縫袋口左右三角布，來回車三次。

7 將滾邊布與袋布車縫完成線，縫份倒向袋布，並車0.1公分裝飾線。

8 將袋布下方拉起，與貼邊布車縫，縫份燙開。

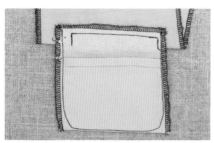

9 車縫口袋布二端0.5公分，再將縫份一起拷克固定。

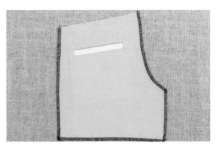

10 假縫線拆除，口袋完成。

袖開口

Ａ 標準式袖開口

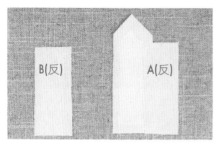

1 裁片。（袖開叉A、B裁片各一片）

2 袖開口布A、B置於袖身上車縫袖開口位置。

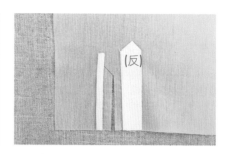

3 縫份燙開剪Y型。

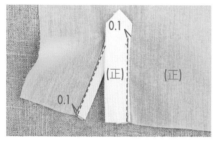

4 車縫0.1公分。

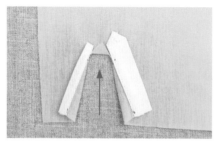

5 三角布往上燙。

6 以A蓋B，壓縫裝飾線。完成。

Ｂ 貼邊式袖開口

1 裁片。（袖開叉貼邊布一片）

2 將貼邊布置於袖子開口位置，正面對正面，車縫寬度0.5公分，長度為袖開口長度。

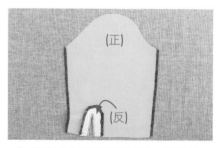

3 從車縫中間剪開至尖點，若是開口尖端車縫圓弧度，則往旁邊剪二刀牙口，避免表面產生皺紋。

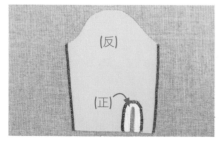

4 將貼邊布翻至袖子背面整燙。

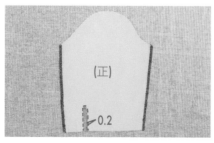

5 從袖子正面沿袖開口車縫0.2公分裝飾線。

6 完成。

C 滾邊式袖開口

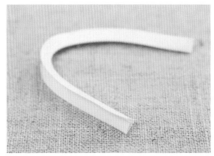

1 裁片。（滾邊布一條：長=袖開口長×2+縫份；寬=滾邊完成寬×4）

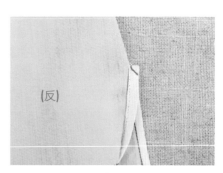

2 先將滾邊布折雙燙一半，再將二端對正中心，四等份折燙滾邊完成寬。接著將折雙的部位向內，開口向外燙拔。

3 剪開袖開口的長度。

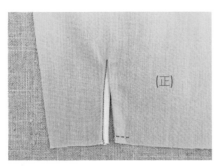

4 將滾邊布置於袖開口的正面，車縫滾邊寬一等份。

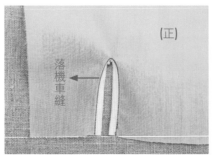

5 縫份修剪比滾邊寬小0.1～0.2公分，滾邊布將縫份包住，假縫固定，落機車縫。

POINT｜反面縫份要比完成線多0.2公分，落機車縫才能固定反面縫份。

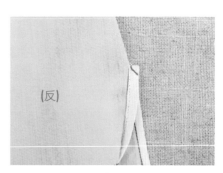

6 袖開口背面，將滾邊布折雙，開口尖端45度角車縫三次。

7 袖口將右邊滾邊布折入，車縫縫份0.5公分固定。

POINT｜此部位即袖口布沒有持出的位置。

8 完成。

無領無袖縫份

Ⓐ 無袖外滾式滾邊

1 裁片。(滾邊布一條:長=前袖襱+後袖襱+縫份;寬=滾邊完成寬×4)

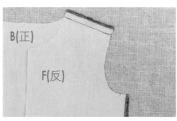

2 衣身AH不留縫份,衣身車縫肩線。

3 縫份燙開。

4 滾邊布折燙四等份(兩等份是完成寬度的兩倍,兩等份是縫份)。滾邊布燙拔(開口朝外,折雙對內)。

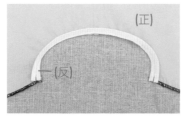

5 滾邊布正面相對置於衣身AH上,車縫完成寬度約0.5~0.7公分(即滾邊寬,一等份寬度)。

6 前後片正面對正面,車縫脇邊完成線,縫份燙開。

7 滾邊布翻至反面假縫,外露之滾邊布即完成寬,再以落機縫固定背面縫份。

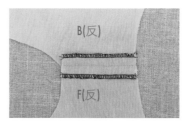

8 完成。

B 無袖內滾式滾邊

1 裁片。

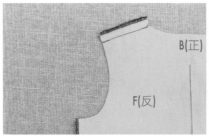

2 車縫衣身肩線,縫份燙開。

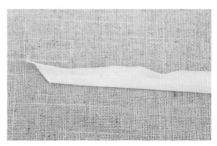

3 滾邊布折燙約三等份(兩等份縫份,一等份完成寬)。

4 滾邊布正面相對置於衣身AH上,車縫完成線。

POINT | 滾邊布於衣身AH彎曲處稍微放鬆車縫。

POINT | 彎曲處剪牙口,修縫份(縫份完成約為滾邊布完成寬-0.2公分)。

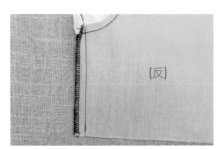

5 前後片正面對正面,自滾邊布車縫脇邊完成線至下襬,縫份燙開。

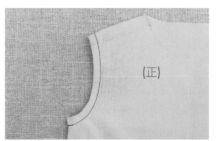

6 將滾邊布翻至反面假縫。正面AH車縫裝飾線寬,注意須將反面滾邊布車縫住,即完成。

POINT | 將滾邊布往內燙,自正面看不到滾邊布。

無領貼邊式縫製

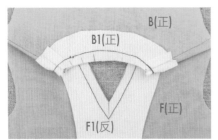

1 裁片。(前領貼邊布一片、後領貼邊布一片)

2 車縫貼邊布肩線並將縫份燙開。

3 貼邊布領圍縫份修0.2公分,置於衣身正面上,對合CB、SS、CF,車縫貼邊布完成線。

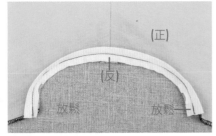

4 修縫份剪牙口。

POINT | 前V剪一刀至尖點,後領圍剪數刀。

5 貼邊布翻至反面,從正面壓縫0.5公分裝飾線。

POINT | 自正面看不到貼邊布。

6 自肩線正面落機車縫固定內部貼邊布。完成。

有領台襯衫領

1 裁片。（領片二片，領台二片）

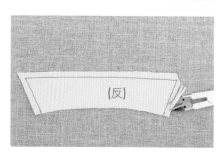

2 裡領片縫份修剪0.2公分。

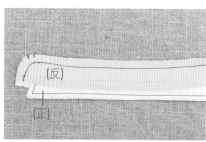

3 表領片與裡領片正面相對車縫裡領完成線、修縫份。

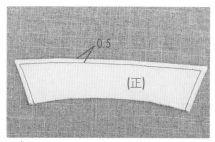

4 翻至正面，挑出領子尖角，從表領片正面壓縫裝飾線0.5公分。

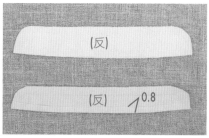

5 裡領台縫份往上折燙0.8公分。
POINT | 視布料厚度決定往上反折寬度。

6 裡領台置於表領片上，表領台置於裡領片下，反面朝外，對合CB、CF(右)、CF(左)，車縫完成線。

7 表領台置於衣身對合CF、CB、CF（正面相對），車縫完成線，剪牙口修縫份，縫份往上倒。

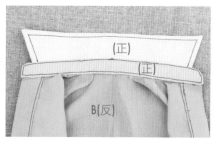

8 裡領台蓋住表領台，假縫後，自表領台後中心車縫0.1公分裝飾線。

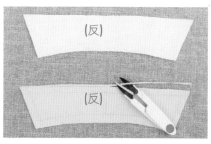

9 自肩線正面落機車縫固定內部貼邊布。完成。

前片開襟

A 半開襟

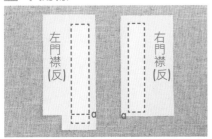

1 裁片。（左門襟一片，右門襟一片）

2 整燙門襟縫份。

3 將門襟布置於前片正面，車縫左右片完成線（即門襟寬）至a點。縫份燙開，剪Y型。

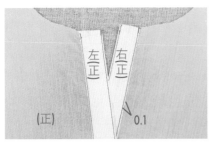

4 車縫左右門襟布裝飾線0.1公分，固定反面縫份。

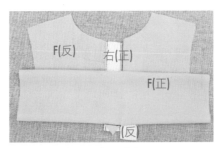

5 車縫三角布與右門襟布。
POINT | 不要車到左門襟。

6 將左片門襟蓋住右門襟布，壓縫裝飾線。完成。

B 全開襟

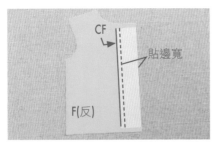

1 裁片。（前片與貼邊布連裁一片）

2 前片貼邊布往正面反折，車縫下襬完成線，修縫份，翻至正面。

3 前襟無裝飾線，整燙後車縫下襬。

4 前襟布有裝飾車縫（可固定貼邊布），完成。

接袖部分縫

A 方法1

1 裁片。（袖子一片）

2 車縫完成線外0.2、0.5公分二道粗針。拉兩條下線，使之產生立體感（袖山長度與衣身AH尺寸同）。

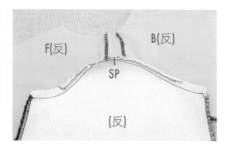

3 袖子對合衣身肩線，正面對正面，車縫完成線。

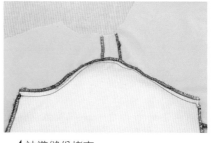

4 袖襱縫份拷克。

5 自袖下線車縫至衣身下襬線。

6 完成。

B 方法2

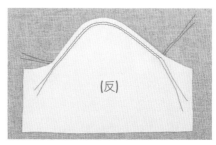

1 車縫完成線外0.2、0.5公分二道粗針。

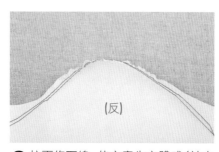

2 拉兩條下線，使之產生立體感（袖山長度與衣身AH尺寸同）。

3 車縫袖下線，縫份燙開。

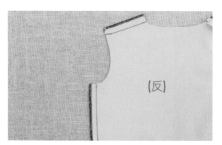

4 衣身車縫肩線和脇邊，縫份燙開。

5 袖子與衣身對合肩線與脇邊線（正面相對），車縫完成線後再拷克。

6 完成。

袖口布縫製

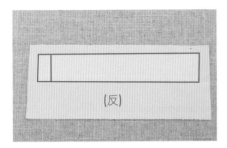

1 裁片。（袖口布一片）

2 袖口布沒有燙襯的一邊縫份折燙約0.8公分，再對折燙。

3 將袖口布燙襯的一端置於袖口，正面對正面，車縫完成線。

4 袖開叉二端的袖口布反折，車縫I型，修縫份後再翻至正面。

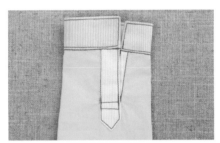

5 假縫固定反面縫份，從正面裝飾車縫0.1公分，完成。

檔布縫製

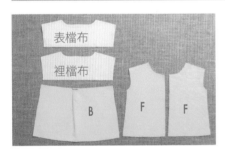

1 裁片。（檔布二片、前片二片、後片一片）

2 表檔布正面置於後片正面上，裡檔布正面置於後片反面下方，對合完成線車縫。（即表裡檔布反面朝外夾住後片車縫）

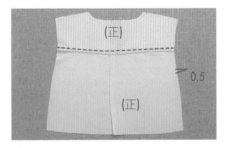

3 整燙後壓縫檔布裝飾線0.5公分。
POINT 表裡檔布一起壓縫0.5cm。

4 表檔布正面與前片正面對合完成線車縫，縫份倒向檔布整燙；裡檔布折燙縫份，蓋住前片車線後多0.2公分。

POINT 因為正面落機車縫要壓住縫份，所以縫份需多一些。

5 從正面落機車縫後，再從檔布正面壓裝飾線0.5公分。

C 整燙技巧

整燙時須把握基本原則：每一條車線都須經過整燙才會平整，熨燙時先燙反面縫份，使縫份安定後再隔著燙布燙正面，車縫線才會平整。以下介紹幾種在縫製過程中的基本整燙技巧：

A 褶子整燙

整燙時將褶子放在饅頭型燙馬上進行整燙，先燙反面再燙正面。

a 尖褶1—褶子倒中心線：適合薄布料、一般布料。

尖褶2—褶子剪開燙開：適合厚布料不易毛邊者。

尖褶3—褶子折中整燙後星止縫：適合厚布料容易毛邊者。

b 單褶1—縫份單邊倒後，在縫份邊壓裝飾線固定。

c 箱褶—折中整燙後，左右壓裝飾線固定縫份。

d 細褶—將細褶抽皺，用熨斗壓燙縫份處，另一手拉住下襬，使褶向直順美觀。

B 縫份燙開

通常脇邊和肩線的縫份會燙開。

C 下襬燙縮

左手抓起一小段布料壓著熨斗往右推燙，下襬弧度越大，縮份越多。例如波浪裙或圓裙。

D 滾邊布燙拔

 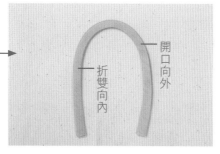

無領無袖的背心或背心裙，縫份處理若是採用滾邊布進行外滾時（即衣服表面看得見滾邊布），此時先將滾邊布折燙滾邊完成寬，將折雙的部位向內燙拔。

Part 3
裙子‧打版與製作

01 碎褶裙
02 階層裙
03 窄裙
04 波浪裙
05 A字裙
06 A字箱褶裙

基本型

01
碎褶裙

1.確認款式

碎褶裙。

2.量身

腰圍、臀圍、腰長、裙長。

3.打版

前片、後片、腰帶。

4.補正紙型

前後片脇邊線腰圍對合修正、前後片脇邊下襬線對合修正。

5.整布

使經緯紗垂直整燙布面。

6.排版

布面折雙排前後片，再排腰帶布。

7.裁剪

前後裙折雙各裁一片、腰帶布裁一片。

8.做記號

於完成線上用粉片做記號或是做線釘（腰圍線、前後中心線、脇線、下襬線）。

9.拷克機縫

前後片脇邊。

●縫製步驟瀏覽

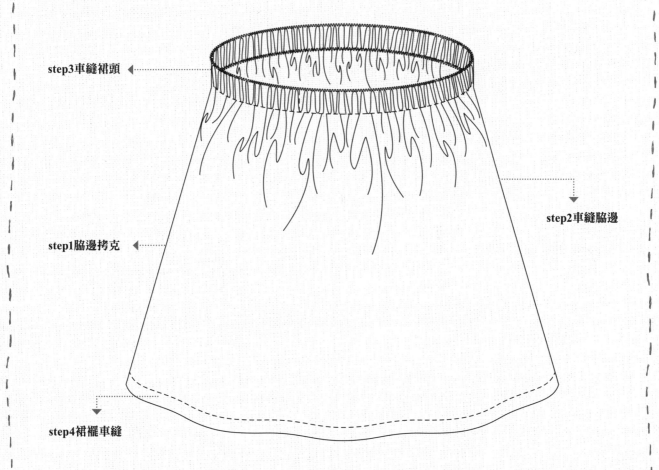

step3車縫裙頭

step2車縫脇邊

step1脇邊拷克

step4裙襬車縫

Ⓐ 版型製作 step by step

●碎褶裙款式尺寸

基本尺寸 (cm)
M size尺寸參考
W（腰圍）－64
H（臀圍）－92
HL（腰長）－19
SL（裙長）－60

版型重點
1.中腰鬆緊帶
2.裙襬寬大

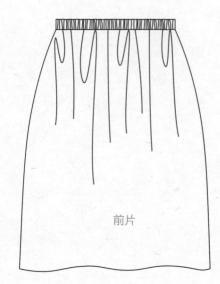
前片

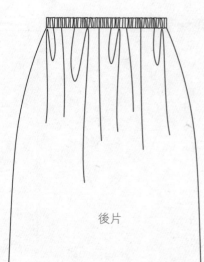
後片

●完整製圖版型

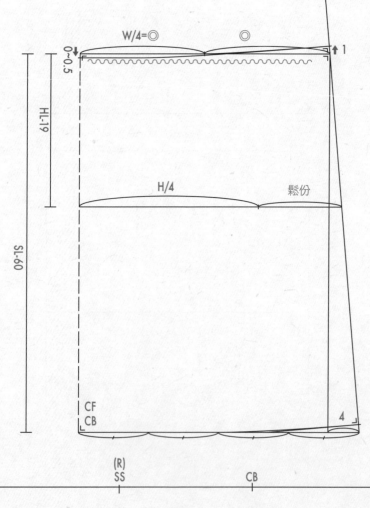

W/4=◎ ◎
0~0.5
↑1
HL-19
H/4   鬆份
SL-60
CF
CB
4

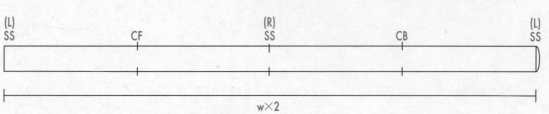

(L)
SS
CF
(R)
SS
CB
(L)
SS

鬆緊帶寬＋厚度

w×2

A 版型製作 step by step

●版型製圖步驟

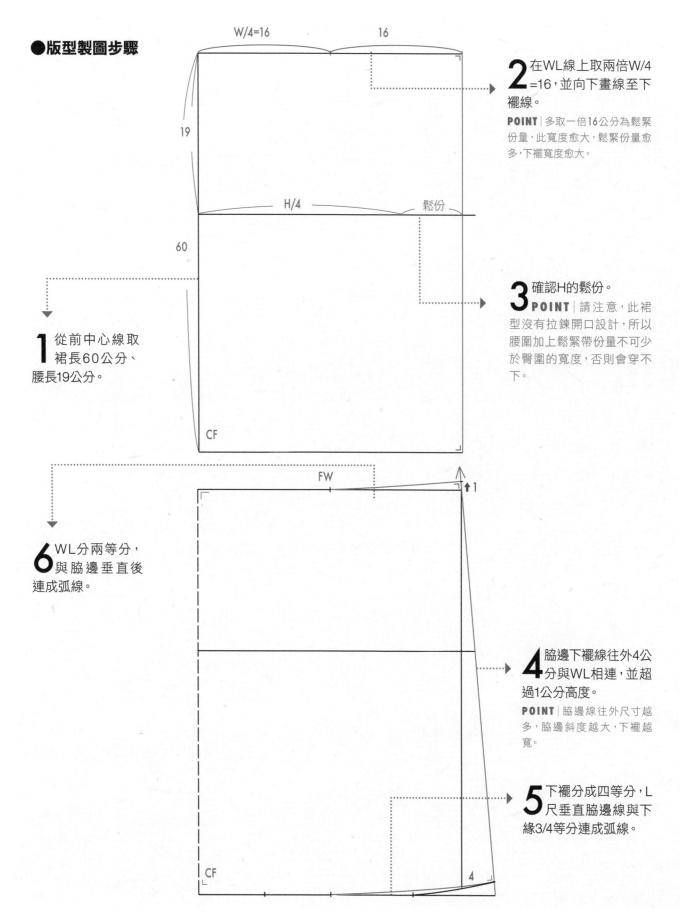

2 在WL線上取兩倍W/4 =16，並向下畫線至下 襬線。

POINT | 多取一倍16公分為鬆緊 份量，此寬度愈大，鬆緊份量愈 多，下襬寬度愈大。

3 確認H的鬆份。
POINT | 請注意，此裙 型沒有拉鍊開口設計，所以 腰圍加上鬆緊帶份量不可少 於臀圍的寬度，否則會穿不 下。

1 從前中心線取 裙長60公分、 腰長19公分。

6 WL分兩等分， 與脇邊垂直後 連成弧線。

4 脇邊下襬線往外4公 分與WL相連，並超 過1公分高度。

POINT | 脇邊線往外尺寸越 多，脇邊斜度越大，下襬越 寬。

5 下襬分成四等分，L 尺垂直脇邊線與下 緣3/4等分連成弧線。

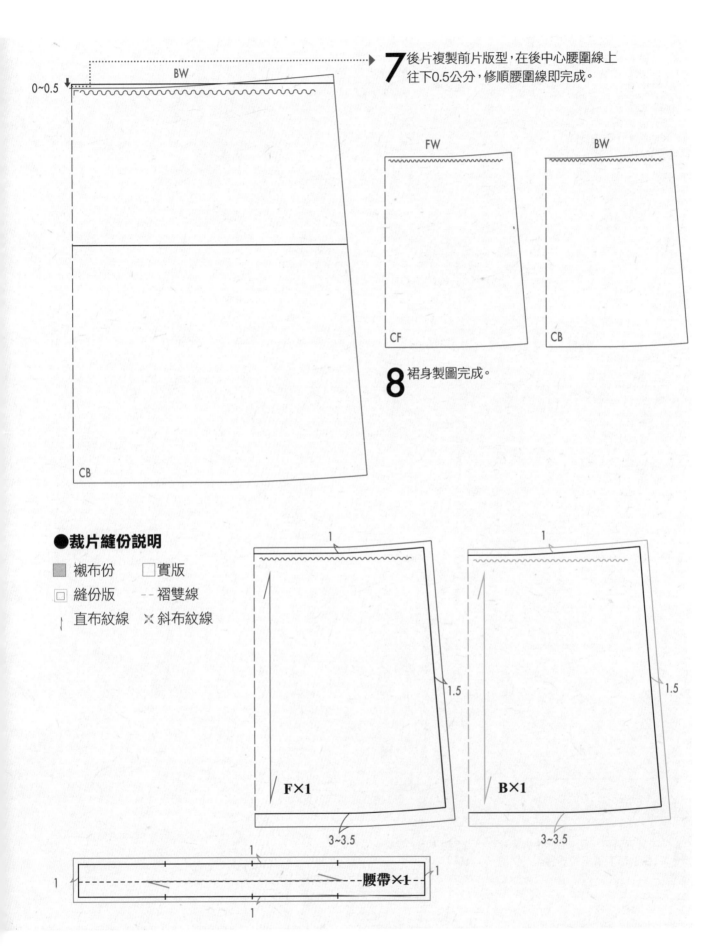

7 後片複製前片版型，在後中心腰圍線上往下0.5公分，修順腰圍線即完成。

8 裙身製圖完成。

BW

0~0.5

CB

FW

CF

BW

CB

● 裁片縫份說明

■ 襯布份　　□ 實版

□ 縫份版　　-- 褶雙線

∣ 直布紋線　✕ 斜布紋線

1

F✕1

1.5

3~3.5

1

B✕1

1.5

3~3.5

1

1

1

腰帶✕1

1

1

材料說明

單幅用布：(裙長+縫份)×2
雙幅用布：(裙長+縫份)
鬆緊帶約2尺

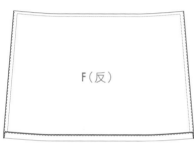

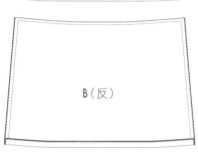

1 前後片脇邊和下襬拷克。

2 前後片脇邊下襬彎曲度燙縮。
POINT｜燙縮的目的是使下襬往上折燙完成線時，不會產生多餘的鬆份。

3 前後片下襬縫份往上折燙至完成線。
POINT｜折燙縫份有利後續車縫。

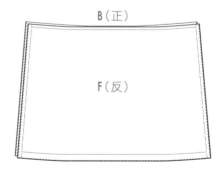

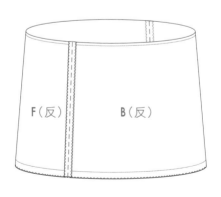

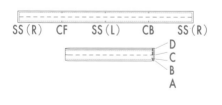

4 前後片正面對正面，對合脇邊記號線，由上至下車縫完成線至下襬縫份處。

5 脇邊縫份燙開。

6 將腰帶長度對折，車縫A點到B點，C點到D點。
POINT｜B點到C點即要放鬆緊帶的地方，所以不車縫。

7 縫份燙開。

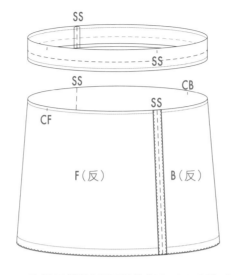

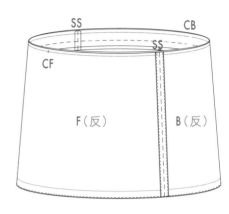

8 再將腰帶寬對燙備用。

9 將腰帶對合裙子腰線（CB、CF、SS），正面對正面車縫完成線。

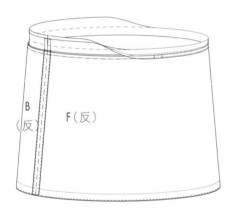

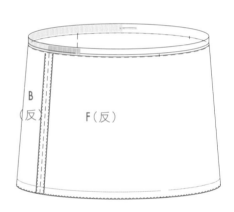

10 將腰帶從正面落機車縫，固定腰帶反面縫份。

11 使用穿鬆緊帶器夾住鬆緊帶，從脇邊縫份處，穿入鬆緊帶一圈，由同一空孔穿出。

POINT｜鬆緊帶長為（W尺寸減1～2吋）。

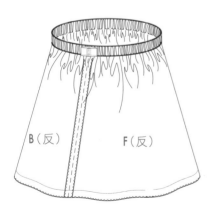

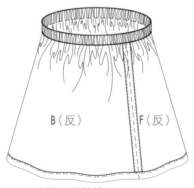

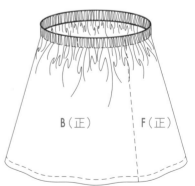

12 將鬆緊帶二端重疊1公分，車縫0.5公分三次加強固定。

13 車縫下襬縫份。

POINT｜下襬不拷克，也可二折三層車縫。

14 將腰頭鬆緊帶份量平均於前後片，再從腰帶脇邊正面車縫落機車縫。

02
階層裙

1.確認款式

階層裙。

2.量身

腰圍、臀圍、腰長、裙長。

3.打版

前片、後片。

4.補正紙型

確認腰線和前後中心線成垂直、下襬線和前後中心線成垂直。

5.整布

使經緯紗垂直整燙布面。

6.排版

布面折雙排前後上下片。

7.裁剪

前後裙上片折雙各裁一片、前後裙下片折雙各裁一片。

8.做記號

於完成線上用粉片做記號或是作線釘（腰圍線、前後中心線、脇線、下襬線）。

9.拷克機縫

前後上下片脇邊。

●縫製步驟瀏覽

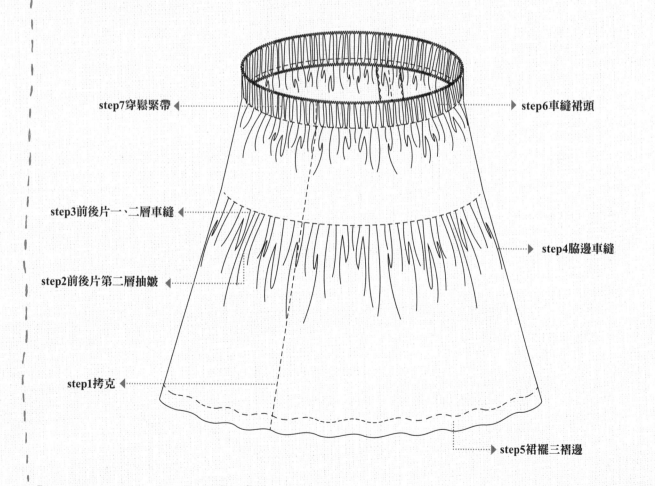

step7穿鬆緊帶

step6車縫裙頭

step3前後片一、二層車縫

step4脇邊車縫

step2前後片第二層抽皺

step1拷克

step5裙襬三褶邊

A 版型製作 step by step

●階層裙款式尺寸

基本尺寸 (cm)
M size尺寸參考
W（腰圍）－64
H（臀圍）－92
HL（腰長）－19
SL（裙長）－40

版型重點

1. 上片鬆緊帶
2. 下片抽細褶

前片　　　　　　後片

●完整製圖版型

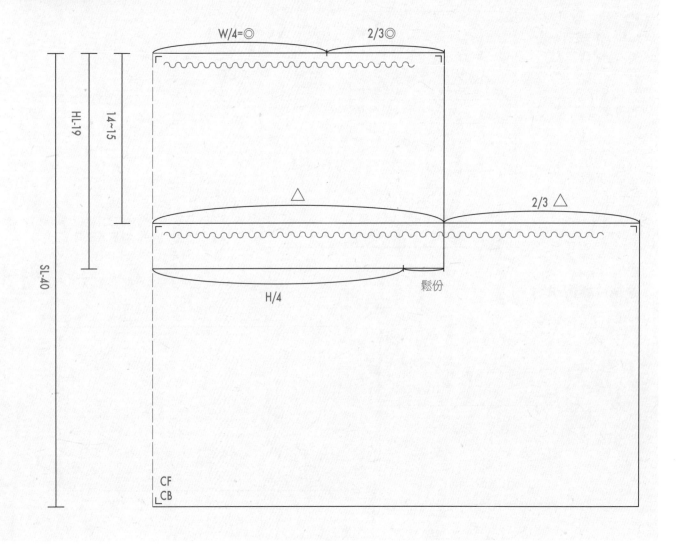

W/4=◎　　　2/3◎

HL-19　14~15

△　　2/3 △

SL-40

H/4　鬆份

CF
CB

●版型製圖步驟

1 裙長40公分，腰長19公分；在後中心線上由上往下取14~15公分為階層裙的剪接線。

POINT 階層裙通常上層長度短，下層長度較長，比例上較為美觀。

2 在腰圍線上取W/4＝16，再往外2/3倍取10.7公分。

POINT W1至W2的寬度為腰圍鬆緊帶份量，H1至H2為臀圍鬆份。若要使裙型更蓬大，此份量可以再增加。但是請注意，此裙型沒有拉鍊開口設計，所以腰圍加上鬆緊帶量不可少於臀圍的寬度，否則會穿不下。

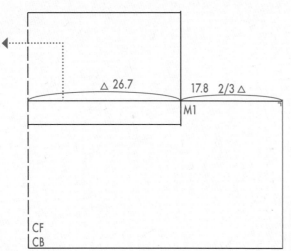

3 後中心至M1長度為△＝26.7，再往外取2/3△＝17.8，往下畫線至下襬線。

POINT 2/3△為階層裙的細褶份，此份量越多抽皺的份量就越多，裙子會比較蓬大。

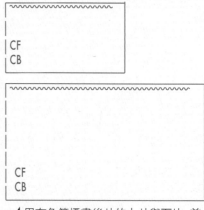

4 用有色筆標畫後片的上片與下片，前片的版型與後片同；製圖完成。

●裁片縫份說明

- ▨ 襯布份
- □ 實版
- ▢ 縫份版
- – – 褶雙線
- ↧ 直布紋線
- ✕ 斜布紋線

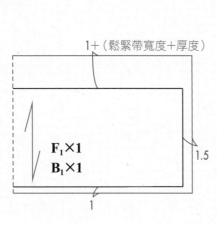

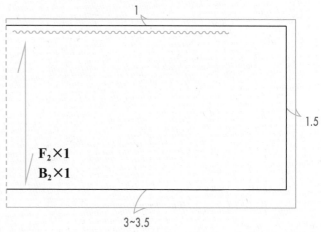

B 縫製How to make

材料說明

單幅用布：(裙長+縫份)×2

雙幅用布：(裙長+縫份)

鬆緊帶約2尺

F1、B1（反）

0.5

0.2
F2、B2（反）

1 前後裁片先拷克脇邊。在F2、B2的上端完成線外0.2和0.5公分處車縫二道粗針（針距大）。

POINT｜注意此二道粗針縫不回針也不能車縫交疊，否則不易拉細褶。

4　　　　　4

F2、B2（反）

2 拉二條粗針車縫的下線，使之產生細褶，拉細褶後的完成寬要與F1、B1同寬。

POINT｜拉細褶要平均，左右脇邊4公分不拉細褶，因為脇邊縫份交疊，會有厚度，影響外觀線條。

F1、B1（反）

F2、B2（反）

3 B2寬度確認後，用熨斗整燙縫份，另一手拉下襬，使細摺縫份安定。

POINT｜注意熨斗只能燙縫分處，不能往下燙，否則細褶線條較不美觀。

F1、B1（反）

F2、B2（反）

4 B1與B2正面對正面，車縫反面的完成線，並將二片縫份一起拷克。

POINT｜二片縫份一起拷克可減少厚度。

F1、B1（正）

0.1

F2、B2（正）

5 將縫份倒向B1，從正面壓縫0.1或0.5公分裝飾線。

POINT｜前片做法與後片相同。

B1（正）

B1（反）

B2（正）

F2（反）

6 將前片與後片正面對正面，對合脇邊線記號，車縫完成線。

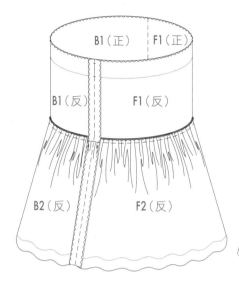

7 左脇邊由上至下車縫完成線，右脇邊從鬆緊帶完成線開始車縫至下襬縫份處，並將縫份燙開。

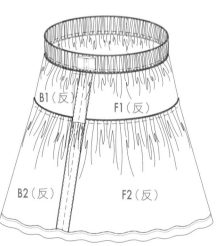

8 下襬二折三層車縫(先將縫份折0.5~0.7公分，再燙至完成線，假縫後再車縫。

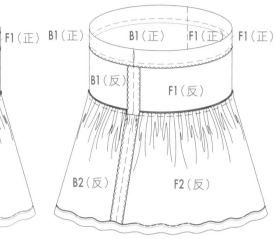

9 腰圍處縫分往內折燙，二折三層車縫。

POINT | 注意腰帶的完成寬能放得下鬆緊帶寬加鬆緊帶的厚度

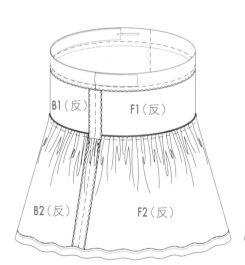

10 用穿鬆緊帶器夾住鬆緊帶，由右脇邊縫份孔穿入鬆緊帶，繞一圈後由同一孔穿出。

11 拉出鬆緊帶二端重疊1公分，車縫三次加強固定。

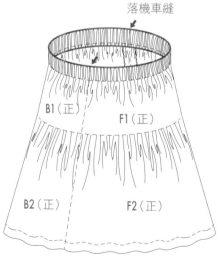

落機車縫

12 將腰圍鬆緊帶二端拉平，使鬆緊帶分量前後平均。在其正面二側脇邊線將布料與鬆緊帶車縫二到三次固定。

03

窄裙

1.確認款式
窄裙。

2.量身
腰圍、臀圍、腰長、裙長。

3.打版
前片、後片、腰帶。

4.補正紙型
折疊前後片褶子訂正腰圍線，前後片脇邊線腰圍線和下襬線修正線條。

5.整布
使經緯紗垂直整燙布面。

6.排版
先排前後片再放腰帶布。

7.裁剪
前裙片裁雙裁一片、後裙片裁二片、腰帶布裁一片。

8.做記號
於完成線上用粉片做記號或是作線釘（腰圍線、臀圍線、褶子、後中心線、脇線、下襬線）。

9.燙襯
腰帶貼腰帶襯、後片拉鍊二側貼1公分布襯牽條。

10.拷克機縫
前後脇邊、後中心線、下襬線。

●縫製步驟瀏覽

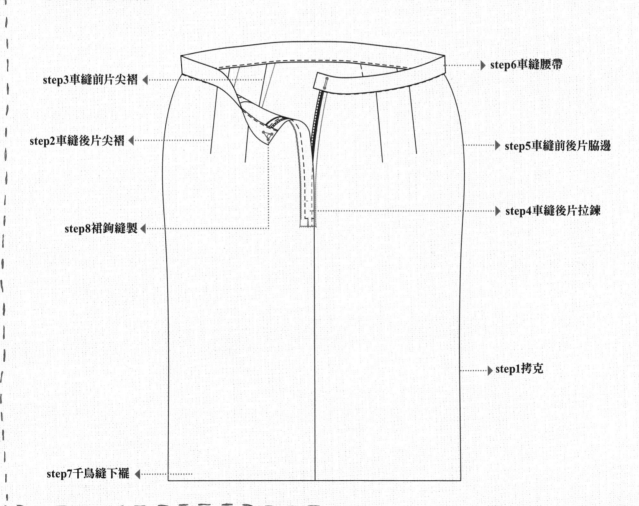

step3車縫前片尖褶

step2車縫後片尖褶

step8裙鉤縫製

step7千鳥縫下襬

step6車縫腰帶

step5車縫前後片脇邊

step4車縫後片拉鍊

step1拷克

A 版型製作 step by step

●窄裙款式尺寸

基本尺寸 (cm)
M size尺寸參考
W（腰圍）−64
H（臀圍）−92
HL（腰長）−19
SL（裙長）−60

版型重點
1.前後片左右各二根尖褶
2.後中心開普通拉鍊
3.中腰腰帶

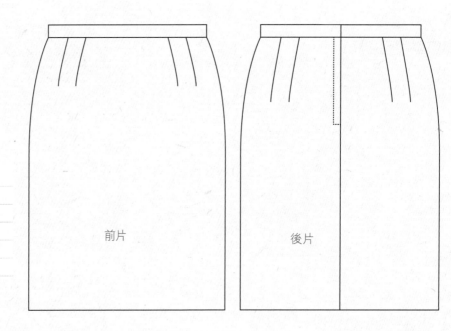

前片　　　　後片

●完整製圖版型

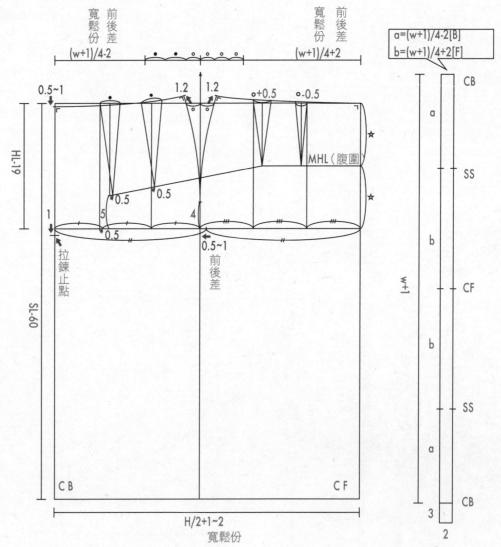

寬鬆份　前後差　　　　　　　　寬鬆份　前後差

(w+1)/4-2　　　　　　　　　　(w+1)/4+2

$a=(w+1)/4-2[B]$
$b=(w+1)/4+2[F]$

0.5~1　　　　1.2　1.2　○+0.5　○-0.5

CB

a

MHL（腹圍）

SS

0.5　0.5

5　　　4

1　　　0.5　　　0.5~1

前後差

b

拉鍊止點

CF

HL-19

SL-60

b

w+1

SS

a

CB

CF

a

3

CB

H/2+1~2

寬鬆份

2

63

A 版型製作 step by step

●版型製圖步驟

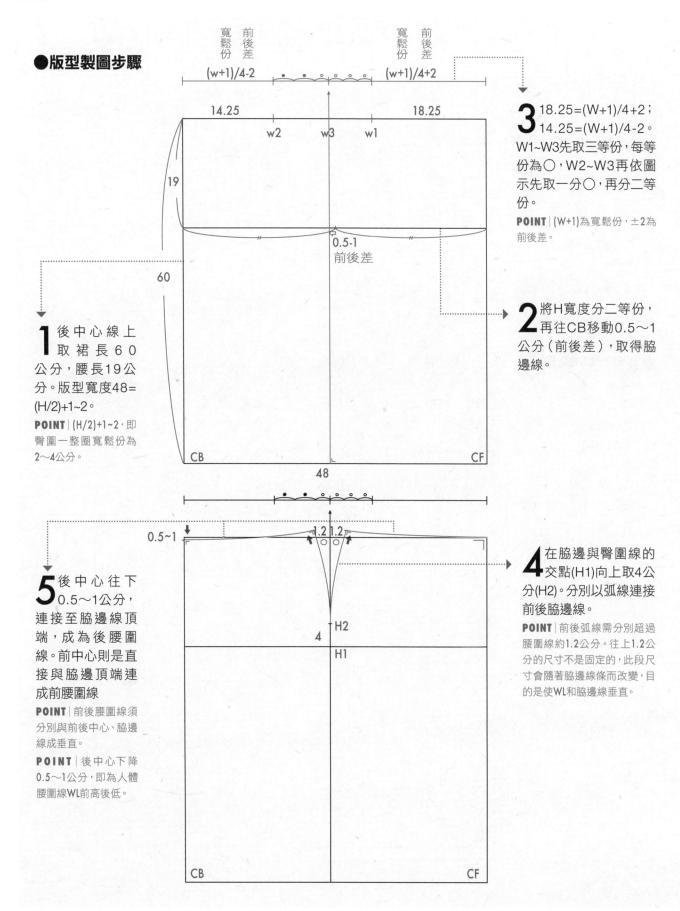

寬鬆份 前後差

(w+1)/4-2

14.25

w2 w3 w1

18.25

寬鬆份 前後差

(w+1)/4+2

19

0.5-1
前後差

60

CB CF

48

3 18.25=(W+1)/4+2；
14.25=(W+1)/4-2。
W1~W3先取三等份，每等
份為○，W2~W3再依圖
示先取一分○，再分二等
份。
POINT | (W+1)為寬鬆份，±2為
前後差。

2 將H寬度分二等份，
再往CB移動0.5～1
公分（前後差），取得脇
邊線。

1 後中心線上
取裙長60
公分，腰長19公
分。版型寬度48=
(H/2)+1~2。
POINT | (H/2)+1~2，即
臀圍一整圈寬鬆份為
2~4公分。

0.5~1

1.2 1.2

4 H2

H1

CB CF

5 後中心往下
0.5～1公分，
連接至脇邊線頂
端，成為後腰圍
線。前中心則是直
接與脇邊頂端連
成前腰圍線
POINT | 前後腰圍線須
分別與前後中心、脇邊
線成垂直。
POINT | 後中心下降
0.5～1公分，即為人體
腰圍線WL前高後低。

4 在脇邊與臀圍線的
交點(H1)向上取4公
分(H2)。分別以弧線連接
前後脇邊線。
POINT | 前後弧線需分別超過
腰圍線約1.2公分。往上1.2公
分的尺寸不是固定的，此段尺
寸會隨著脇邊線條而改變，目
的是使WL和脇邊線垂直。

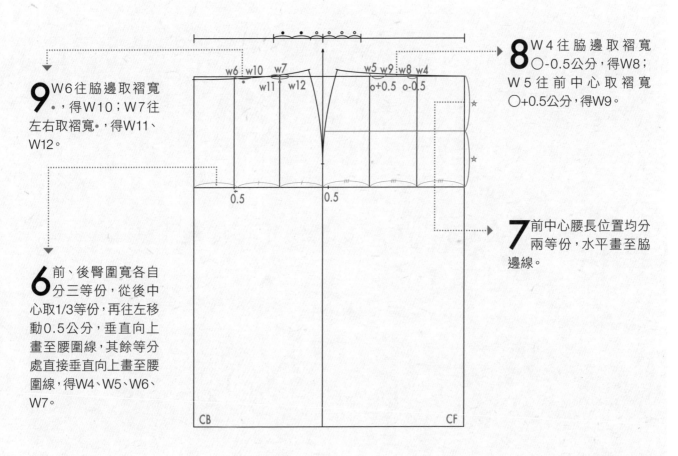

9 W6往脇邊取褶寬•，得W10；W7往左右取褶寬••得W11、W12。

6 前、後臀圍寬各自分三等份，從後中心取1/3等份，再往左移動0.5公分，垂直向上畫至腰圍線，其餘等分處直接垂直向上畫至腰圍線，得W4、W5、W6、W7。

8 W4往脇邊取褶寬〇-0.5公分，得W8；W5往前中心取褶寬〇+0.5公分，得W9。

7 前中心腰長位置均分兩等份，水平畫至脇邊線。

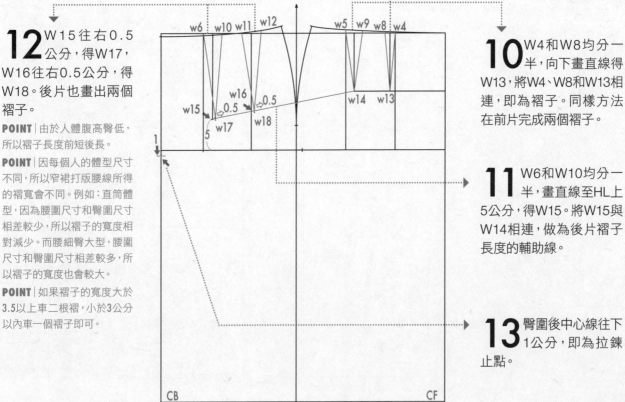

12 W15往右0.5公分，得W17，W16往右0.5公分，得W18。後片也畫出兩個褶子。

POINT | 由於人體腹高臀低，所以褶子長度前短後長。

POINT | 因每個人的體型尺寸不同，所以窄裙打版腰線所得的褶寬會不同。例如：直筒體型，因為腰圍尺寸和臀圍尺寸相差較少，所以褶子的寬度相對減少。而腰細臀大型，腰圍尺寸和臀圍尺寸相差較多，所以褶子的寬度也會較大。

POINT | 如果褶子的寬度大於3.5以上車二根褶，小於3公分以內車一個褶子即可。

10 W4和W8均分一半，向下畫直線得W13，將W4、W8和W13相連，即為褶子。同樣方法在前片完成兩個褶子。

11 W6和W10均分一半，畫直線至HL上5公分，得W15。將W15與W14相連，做為後片褶子長度的輔助線。

13 臀圍後中心線往下1公分，即為拉鍊止點。

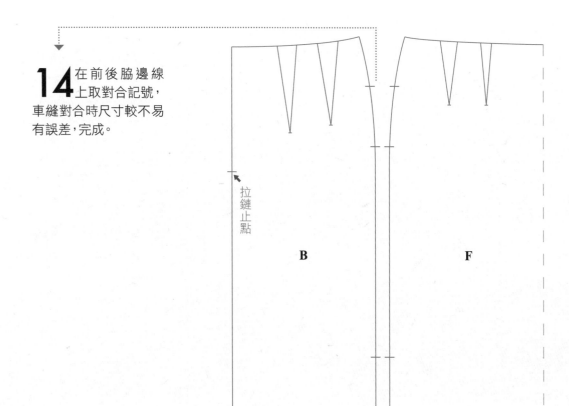

14 在前後脇邊線上取對合記號，車縫對合時尺寸較不易有誤差，完成。

拉鏈止點

B

F

●裁片縫份説明

■ 襯布份　　□ 實版
□ 縫份版　　-- 褶雙線
↓ 直布紋線　⊠ 斜布紋線

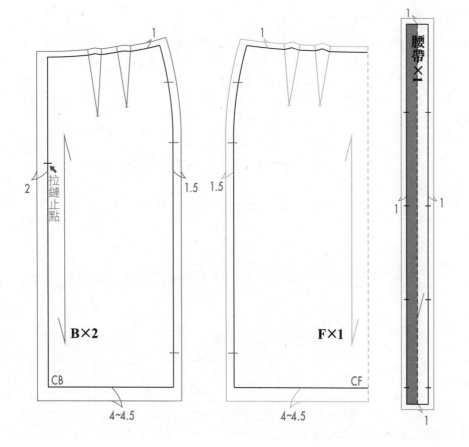

拉鏈止點

2

1.5　1.5

B×2

F×1

腰帶×1

CB

CF

4~4.5　　　4~4.5

1

1

1

1

1

B 縫製 How to make

材料說明

單幅用布:	(裙長+縫份)×2
雙幅用布:	(裙長+縫份)
腰帶襯約1碼	
裙鉤1副	

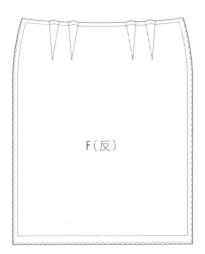

F（反）

1 前、後片拷克。

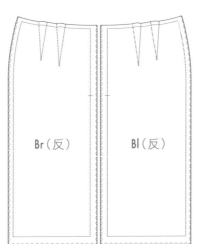

Br（反）　Bl（反）

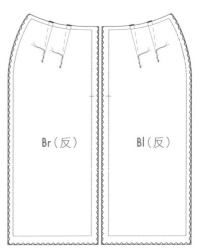

Br（反）　Bl（反）

2 後片尖褶車縫（縫份倒向中心，尖點打結穿針目2~3針）。

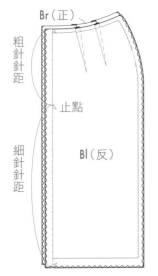

Br（正）

粗針針距

止點

細針針距

Bl（反）

3 後片中心車縫（裙頭至止縫點車距寬、止縫點至裙襬車距窄）。

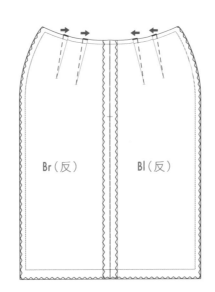

Br（反）　Bl（反）

4 後片中心縫份燙開，尖褶置燙馬向中心燙。

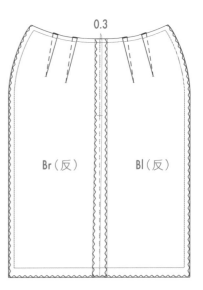

0.3

Br（反）　Bl（反）

5 右後片反面縫份燙出0.3公分至拉鍊止點下約3公分處。

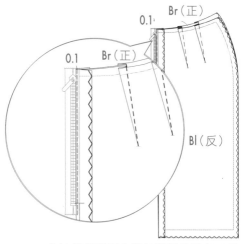

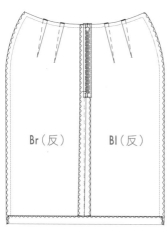

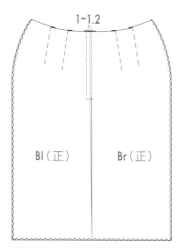

6 拉鍊假縫至右後片縫份凸出（0.3公分）處，車縫拉鍊（離邊緣0.1公分處）。

7 翻至後片正面壓裝飾線（壓1～1.2公分）。

8 後片下襬反折燙備用。

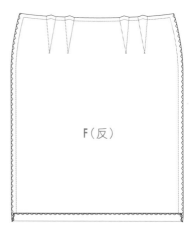

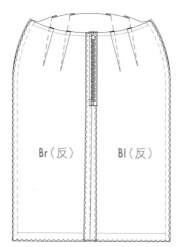

9 前片下襬反折燙備用。

10 前片褶子車縫同後片。

11 前後片脇邊車縫（對合記號前後對齊），由WL縫份車至下襬縫份處。

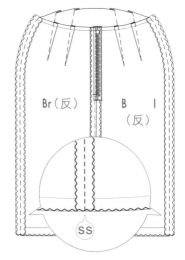

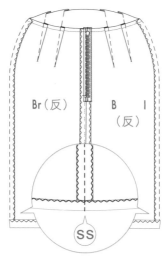

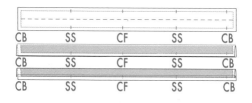

12 脇邊燙開。

13 下襬整圈反折燙後假縫固定縫份。

14 腰帶對折燙，內側（無貼襯邊）反折燙。

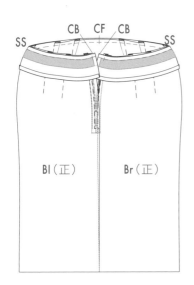

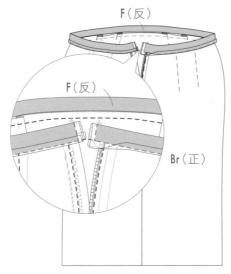

15 腰帶對合裙頭各處記號車縫
（CB、SS、CF）。

16 腰帶背面車縫，並修剪轉角處，
減少布料厚度。

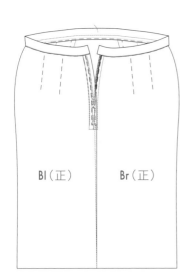

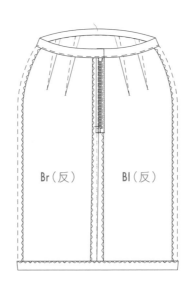

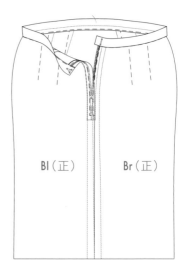

17 腰帶翻正面與內側假縫固定，
從正片腰帶下落機車縫固定反
面縫分。

18 裙襯千鳥縫固定。

19 裙鉤縫製，即完成。

04
—————————————————
波浪裙

1.確認款式

波浪裙。

2.量身

腰圍、臀圍、腰長、裙長。

3.打版

前片、後片、腰帶。

4.補正紙型

前後片脇邊線腰圍線和下襬線修正線條。

5.整布

使經緯紗垂直整燙布面。

6.排版

先排前後片再放腰帶布。

7.裁剪

前裙片裁雙裁一片、後裙片裁二片、腰帶布裁一片。

8.做記號

於完成線上用粉片做記號或是作線釘（腰圍線、臀圍線、後中心線、脇線、下襬線）。

9.燙襯

腰帶貼腰帶襯、後片拉鍊二側貼1公分布襯牽條。

10.拷克機縫

前後脇邊、後中心線、下襬線。

●縫製步驟瀏覽

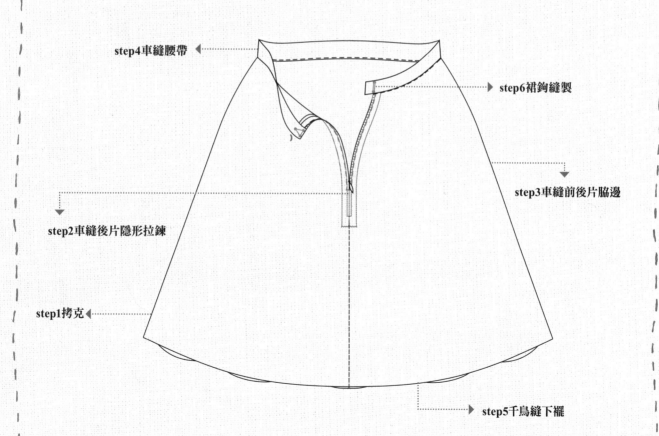

step4車縫腰帶

step6裙鉤縫製

step3車縫前後片脇邊

step2車縫後片隱形拉鍊

step1拷克

step5千鳥縫下襬

A 版型製作 step by step

●波浪裙款式尺寸

基本尺寸（cm）
M size尺寸參考
W（腰圍）－64
H（臀圍）－92
HL（腰長）－19
SL（裙長）－60

版型重點
1.前後片腰部沒有褶子
2.下襬較寬
3.後中心開隱型拉鍊
4.中腰腰帶

●完整製圖版型

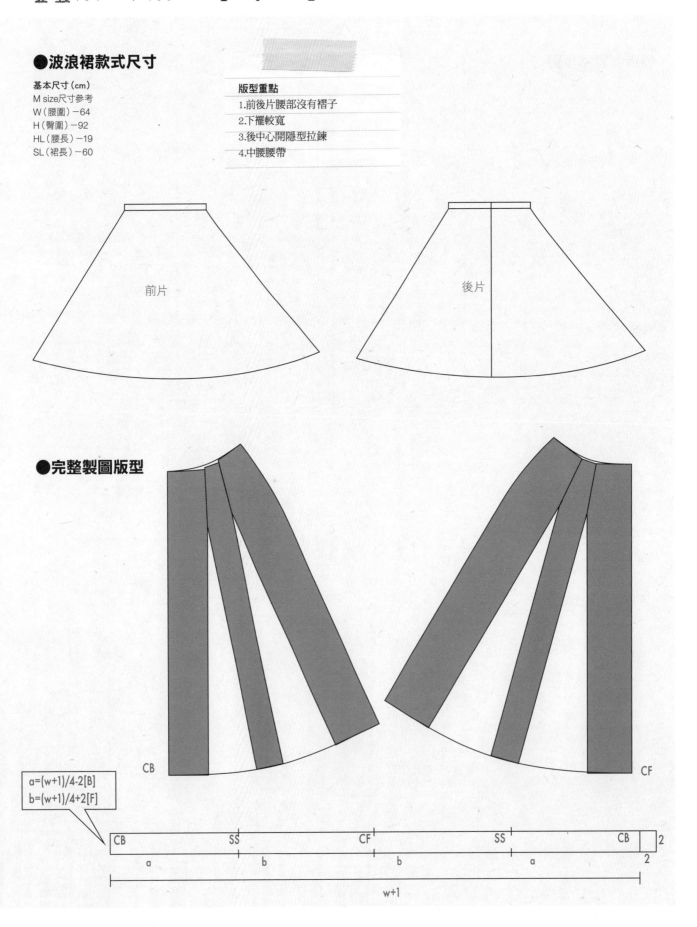

前片

後片

a=(w+1)/4-2[B]
b=(w+1)/4+2[F]

CB　　SS　　CF　　SS　　CB　　2

a　　b　　b　　a　　2

w+1

A 版型製作 step by step

●版型製圖步驟

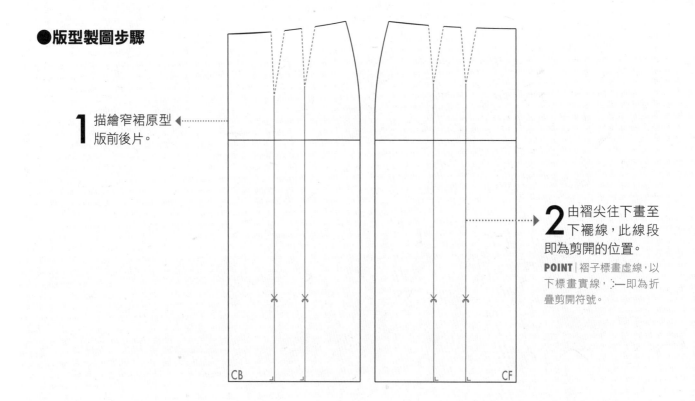

1 描繪窄裙原型版前後片。

2 由褶尖往下畫至下襬線，此線段即為剪開的位置。

POINT｜褶子標畫虛線，以下標畫實線，:—即為折疊剪開符號。

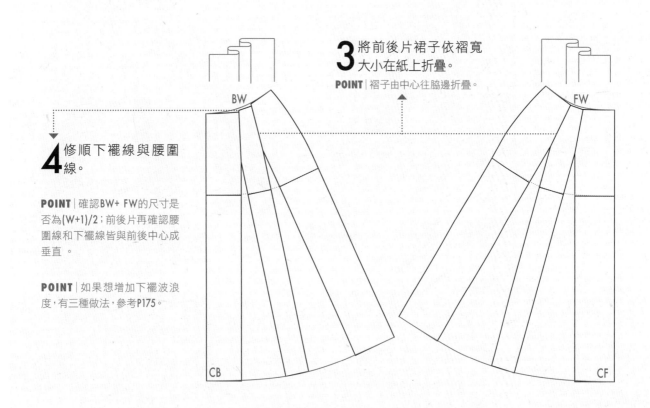

3 將前後片裙子依褶寬大小在紙上折疊。

POINT｜褶子由中心往脇邊折疊。

4 修順下襬線與腰圍線。

POINT｜確認BW+ FW的尺寸是否為(W+1)/2；前後片再確認腰圍線和下襬線皆與前後中心成垂直。

POINT｜如果想增加下襬波浪度，有三種做法，參考P175。

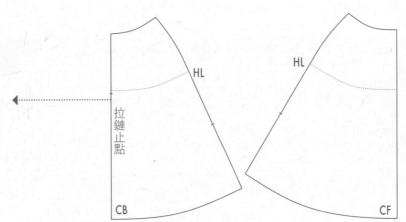

5 在脇邊線HL下1公分做記號，即為隱型拉鍊的止點。

POINT 裙子折疊展開後會發現WL、HL下襬線線條弧度變大且略呈平行線。

POINT 臀圍鬆份增多後，拉鍊止點可以往上提高至HL以上。

●增加下襬寬度的方法

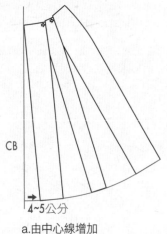

a.由中心線增加

b.從脇邊增加

c.剪開褶份展出

●裁片縫份說明

▦ 襯布份　　□ 實版

□ 縫份版　　-- 褶雙線

↓ 直布紋線　✕ 斜布紋線

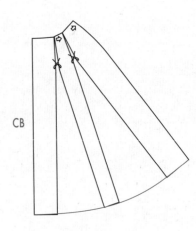

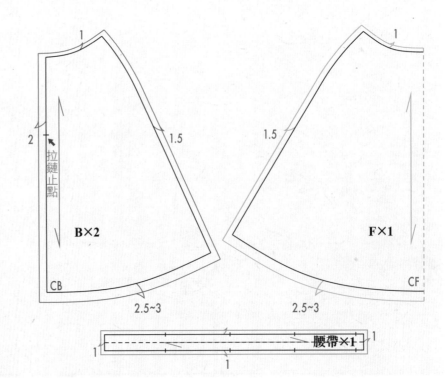

B 縫製How to make

材料說明

單幅用布：(裙長+縫份)×2

雙幅用布：(裙長+縫份)

腰帶襯約1碼

裙鉤1副

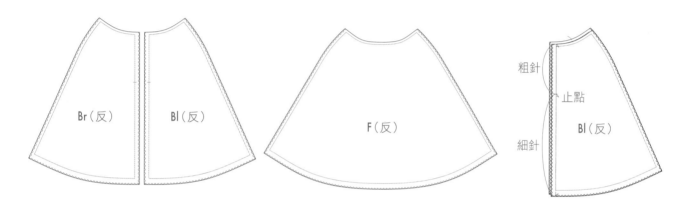

1 後片拷克。

2 前片拷克。

3 後片中心車縫（裙頭至止縫點車距寬、止縫點至裙襬車距窄）。

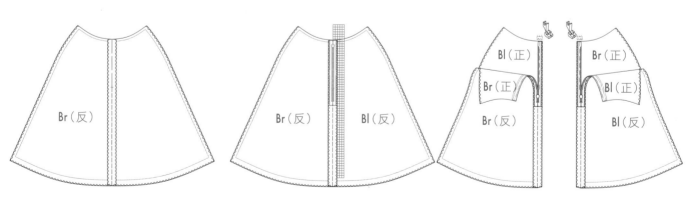

4 後片中心縫份燙開。

5 拉鍊中心對準後中心線方格尺置縫份下，假縫拉鍊於後中心縫份上。（左右皆要縫 ）

POINT 隱形拉鏈正片朝下。

6 拆除粗針，將拉鍊拉至止點下方，使用隱拉壓角車縫拉鍊。

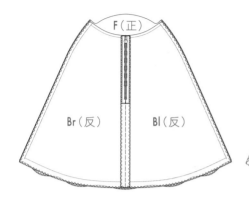

7 前後片脇邊車縫（對合記號前後對齊）。

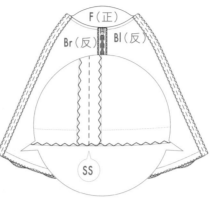

8 脇邊燙開。

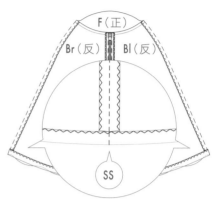

9 下襬整圈反折燙。

10 腰帶對折燙，內側（無貼襯邊）反折燙。

11 腰帶對合裙頭各處記號車縫（CB、SS、CF）。

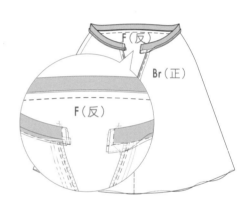

12 腰帶背面車縫，並修剪轉角處。

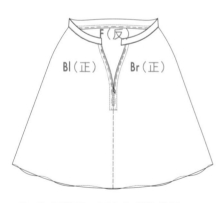

13 腰帶翻正面與內側假縫固定，落機車縫。

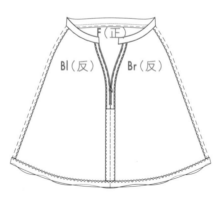

14 裙襬千鳥縫固定。

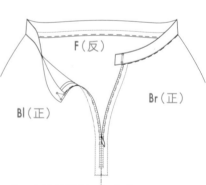

15 裙鉤縫製，即完成。

05

A字裙

1.確認款式
A字裙

2.量身
腰圍、臀圍、腰長、裙長

3.打版
前片、後片、腰帶。

4.補正紙型
折疊前後片褶子訂正腰圍線，前後片脇邊線腰圍線和下襬線修正線條。

5.整布
使經緯紗垂直整燙布面。

6.排版
先排前後片再放腰帶布。

7.裁剪
前裙片裁雙裁1片、後裙片裁2片、腰帶布裁1片。

8.做記號
於完成線上用粉片做記號或是作線釘（腰圍線、臀圍線、褶子、後中心線、脇線、下襬線）。

9.燙襯
腰帶貼腰帶襯、後片拉鍊兩側貼1公分布襯牽條。

10.拷克機縫
前後脇邊、後中心線、下襬線。

● 縫製步驟瀏覽

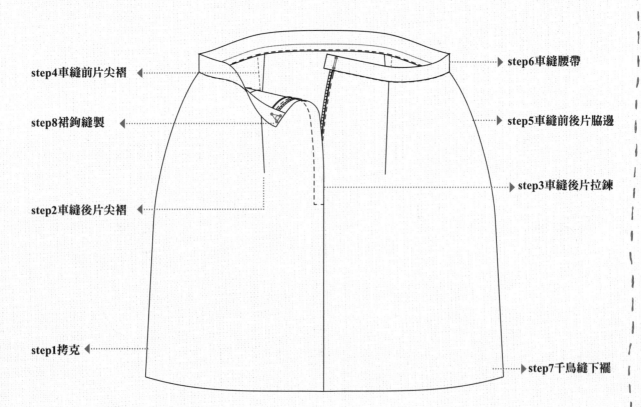

step4車縫前片尖褶

step8裙鉤縫製

step2車縫後片尖褶

step1拷克

step6車縫腰帶

step5車縫前後片脇邊

step3車縫後片拉鍊

step7千鳥縫下襬

A 版型製作 step by step

●A字裙款式尺寸

M size尺寸參考
W（腰圍）－64
H（臀圍）－92
HL（腰長）－19
SL（裙長）－45

版型重點

1.前後片左右各一根尖褶

2.後中心開普通拉鍊

3.中腰腰帶

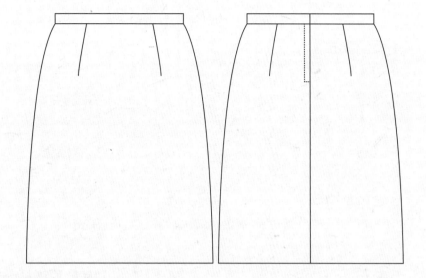

●完整製圖版型

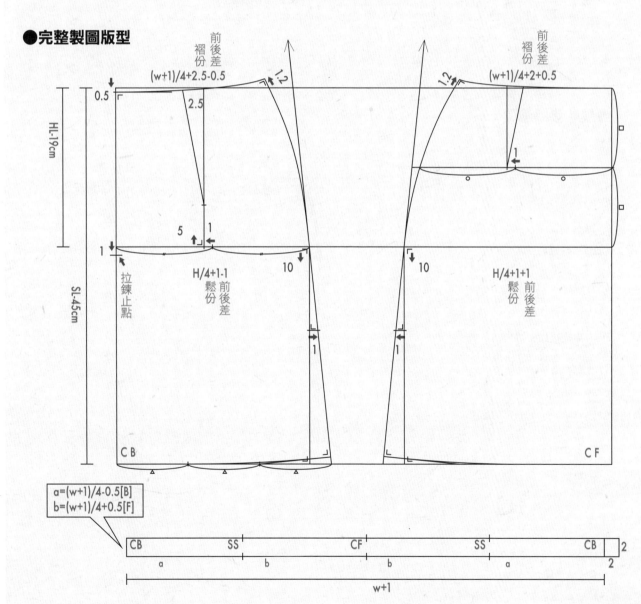

前
褶　後
份　差

(w+1)/4+2.5-0.5

2.5

1.2

0.5

HL-19cm

拉鍊止點

1

5　1

H/4+1-1
鬆　前
份　後
差

10

1

SL-45cm

C B

前
褶　後
份　差

(w+1)/4+2+0.5

1.2

1

1

10

H/4+1+1
鬆　前
份　後
差

1

C F

a=(w+1)/4-0.5[B]
b=(w+1)/4+0.5[F]

CB		SS		CF		SS		CB		2
a		b			b		a		2

w+1

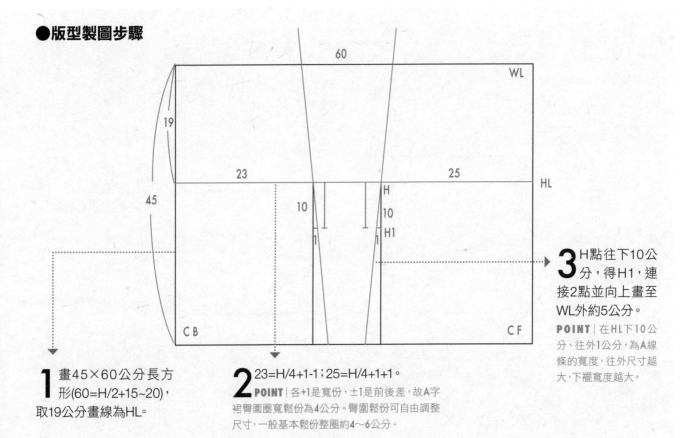

1 畫45×60公分長方形(60=H/2+15~20)，取19公分畫線為HL。

2 23=H/4+1-1；25=H/4+1+1。
POINT | 各+1是寬份、±1是前後差，故A字裙臀圍圈寬鬆份為4公分。臀圍鬆份可自由調整尺寸，一般基本鬆份整圈約4~6公分。

3 H點往下10公分，得H1，連接2點並向上畫至WL外約5公分。
POINT | 在HL下10公分、往外1公分，為A線條的寬度，往外尺寸越大，下襬寬度越大。

4 18.25=（W+1）/4+2.5-0.5；18.75=（W+1）/4+2+0.5。
用彎尺畫脇邊線至HL，並超過WL1.2公分。
POINT |
①（W+1）：「1」是腰圍整圈鬆份1公分。
②後片+2.5、前片+2是褶寬、褶寬通常前小後大，但也會因體型不同而改變尺寸。
③±0.5是脇邊線前後差。

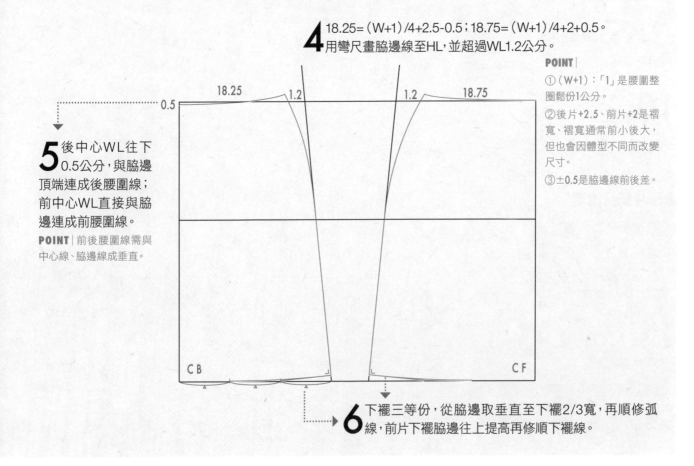

5 後中心WL往下0.5公分，與脇邊頂端連成後腰圍線；前中心WL直接與脇邊連成前腰圍線。
POINT | 前後腰圍線需與中心線、脇邊線成垂直。

6 下襬三等份，從脇邊取垂直至下襬2/3寬，再順修弧線，前片下襬脇邊往上提高再修順下襬線。

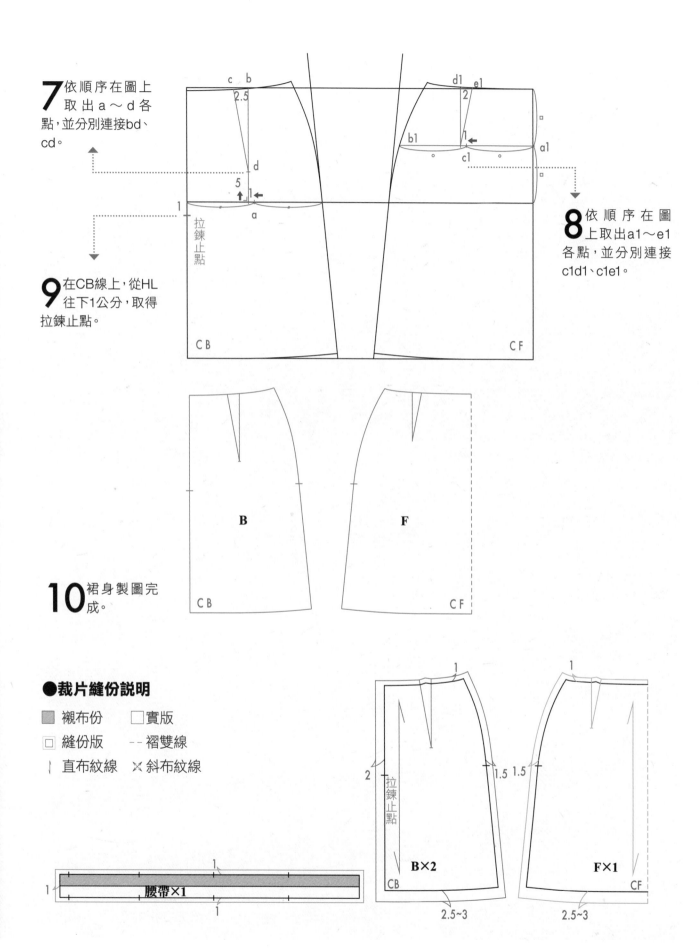

7 依順序在圖上取出a～d各點，並分別連接bd、cd。

8 依順序在圖上取出a1～e1各點，並分別連接c1d1、c1e1。

9 在CB線上，從HL往下1公分，取得拉鍊止點。

10 裙身製圖完成。

●**裁片縫份說明**

■ 襯布份　　□ 實版

□ 縫份版　　-- 褶雙線

ǀ 直布紋線　✕ 斜布紋線

腰帶×1

B×2

F×1

材料說明

單幅用布：(裙長+縫份)×2

雙幅用布：(裙長+縫份)

腰帶襯約1碼

裙鉤1副

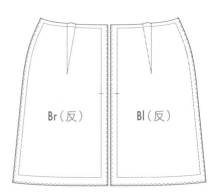

1 後片拷克。

2 前片拷克。

3 後片尖褶車縫(縫份倒向中心，尖點打結穿針目2～3針)。

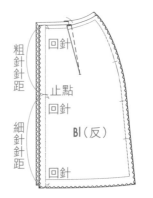

4 後片中心車縫(裙頭至止縫點車距寬、止縫點至裙襬車距窄)。

5 後片中心縫份燙開，尖褶置燙馬上，倒向中心整燙。

6 右後片反面縫份燙出0.3公分至拉鍊止點下約3公分左右。

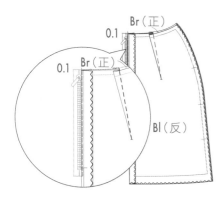

7 拉鍊假縫至右後片縫份凸出（0.3公分）處，車縫拉鍊（邊緣0.1公分處）。

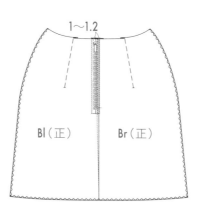

8 翻至後片正面壓裝飾線（壓1～1.2公分）。

9 後片下襬燙縮。

10 後片下襬反折燙。

11 前片下襬左右兩端燙縮。

12 前片下襬反折燙。

13 前片褶子車縫與後片同。

14 前後片脇邊車縫（對合記號前後對齊）。

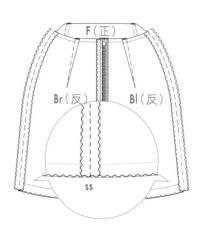

15 脇邊燙開。

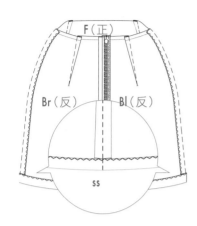

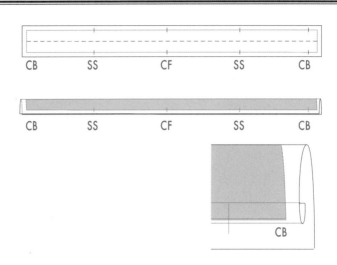

16 下襬整圈反折燙。

17 腰帶對折燙，內側（無貼襯邊）反折燙。

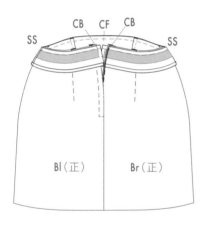

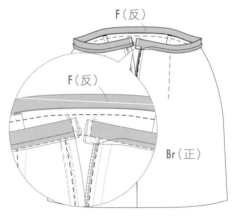

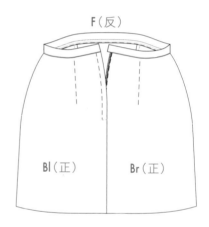

18 腰帶對合裙頭各處記號車縫

19 腰帶背面車縫I、L型，並修剪轉角處縫份。

20 腰帶翻正面與內側假縫固定，落機車縫。

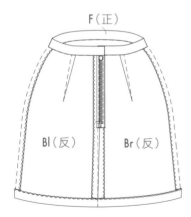

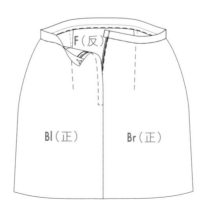

21 裙襬千鳥縫固定。

22 裙鉤縫製，即完成。

06
A字箱褶裙

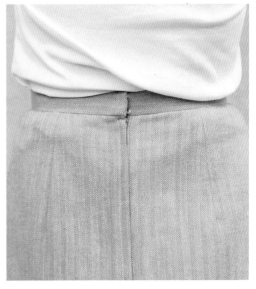

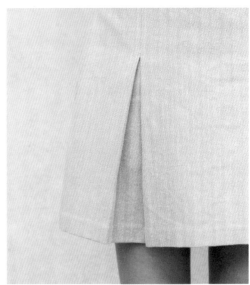

1.確認款式

A字箱褶裙。

2.量身

腰圍、臀圍、腰長、裙長。

3.打版

前片、後片、腰帶。

4.補正紙型

折疊前後片褶子訂正腰圍線，前後片脇邊線腰圍線和下襬線修正線條。

5.整布

使經緯紗垂直整燙布面。

6.排版

先排前後片再放腰帶布。

7.裁剪

前裙片裁雙裁1片、後裙片裁2片、腰帶布裁1片。

8.做記號

於完成線上用粉片做記號或是作線釘（腰圍線、臀圍線、褶子、後中心線、脇線、下襬線）。

9.燙襯

腰帶貼腰帶襯、後片拉鍊兩側貼1公分布襯牽條。

10.拷克機縫

前後脇邊、後中心線、下襬線。

●縫製步驟瀏覽

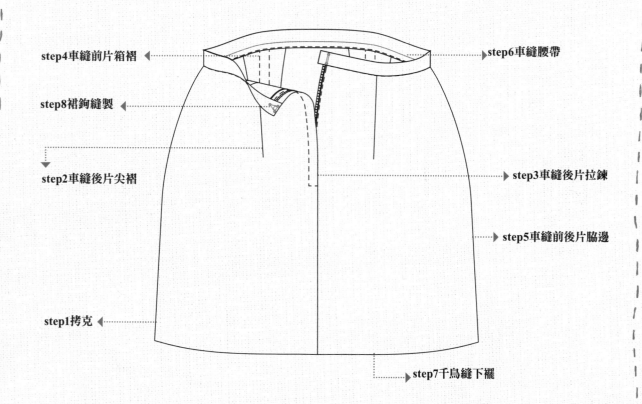

step4車縫前片箱褶

step8裙鉤縫製

step2車縫後片尖褶

step6車縫腰帶

step3車縫後片拉鍊

step5車縫前後片脇邊

step1拷克

step7千鳥縫下襬

A 版型製作 step by step

●A字箱褶裙款式尺寸

基本尺寸(cm)
M size尺寸參考
W(腰圍)－64
H(臀圍)－92
HL(腰長)－19
SL(裙長)－45

版型重點
1. 前片左右各一根箱褶
2. 後片左右各一根尖褶
3. 後中心開普通拉鍊
4. 中腰腰帶

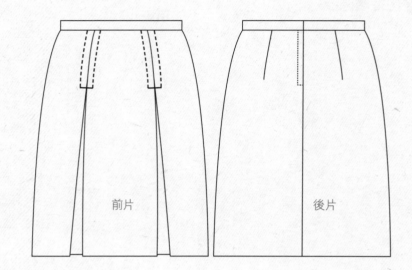

前片　　　後片

●完整製圖版型

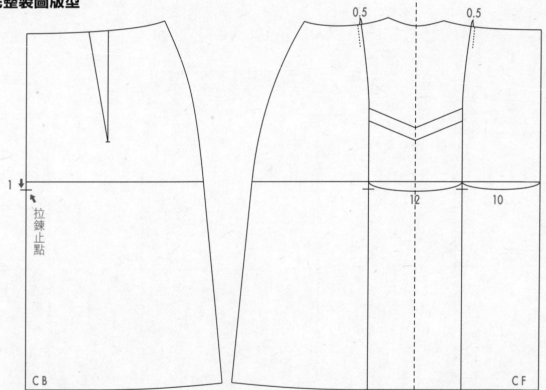

0.5　0.5

1

拉鍊止點

12　10

C B　　　C F

a=(w+1)/4-0.5[B]
b=(w+1)/4+0.5[F]

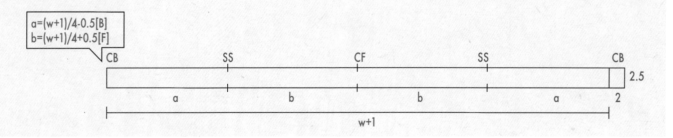

CB　　SS　　CF　　SS　　CB

2.5

a　　b　　b　　a　　2

w+1

A 版型製作 step by step

●**版型製圖步驟**

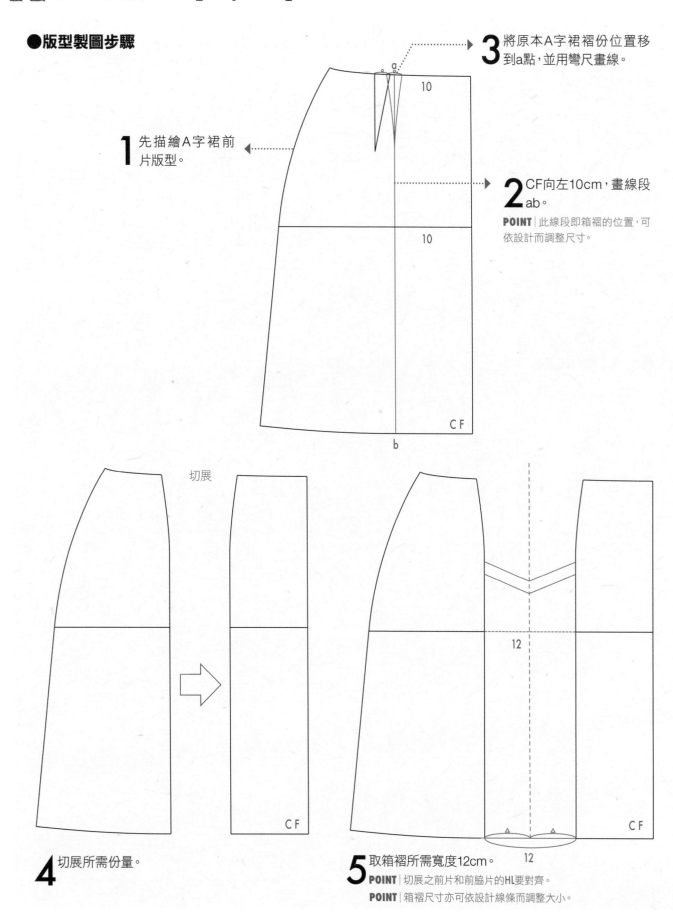

3 將原本A字裙褶份位置移到a點，並用彎尺畫線。

1 先描繪A字裙前片版型。

2 CF向左10cm，畫線段ab。

POINT 此線段即箱褶的位置，可依設計而調整尺寸。

10

10

CF

b

切展

CF

12

12

CF

4 切展所需份量。

5 取箱褶所需寬度12cm。

POINT 切展之前片和前脇片的HL要對齊。

POINT 箱褶尺寸亦可依設計線條而調整大小。

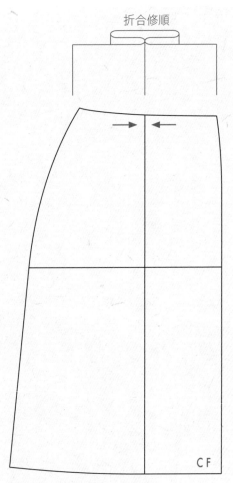

折合修順

6 將箱褶折合後，修順WL。

●裁片縫份說明

- ■ 襯布份　　□ 實版
- ▢ 縫份版　　-- 褶雙線
- ↓ 直布紋線　⨯ 斜布紋線

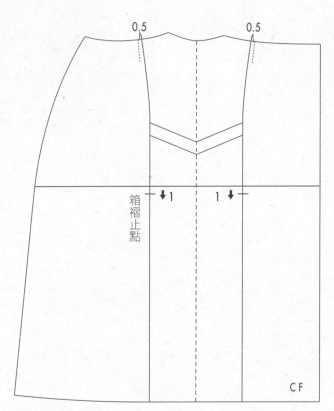

箱褶止點

7 修順後展開，左右車縫0.5cm裝飾線，前片完成。（後片版型與A字裙相同）

POINT | 箱褶止點高低會影響裙型線條，可依設計調整止點高度。

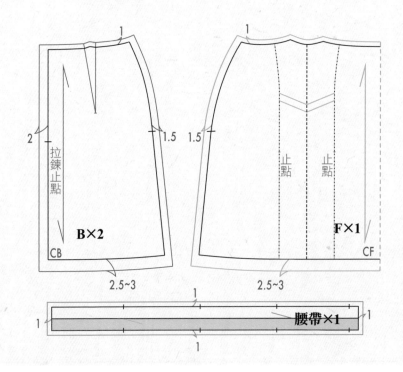

拉鍊止點

B×2

CB

2.5~3

止點　止點

F×1

CF

2.5~3

腰帶×1

材料說明

單幅用布：(裙長+縫份)×2
雙幅用布：(裙長+縫份)
腰帶襯約1碼
裙鉤1副

1 後片拷克。

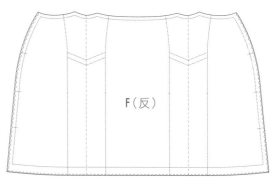

2 前片拷克。

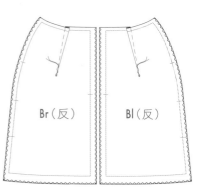

3 後片尖褶車縫 (縫份倒向中心,尖點打結穿針目2～3針)。

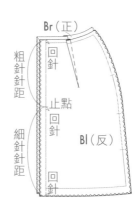

4 後片中心車縫 (裙頭至止縫點車距寬、止縫點至裙襬車距窄)。

5 後片中心縫份燙開,尖褶置燙馬向中心燙開。

右片縫份燙出0.3

6 右後片反面縫份燙出0.3公分至下襬結束。

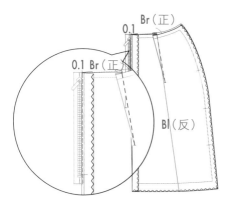

7 拉鍊假縫至右後片縫份凸出(0.3公分)處,車縫拉鍊 (邊緣0.1公分處)。

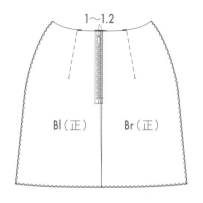

8 翻至後片正面壓裝飾線（壓1～1.2公分）。

9 後片下襬燙縮。

10 後片下襬反折燙。

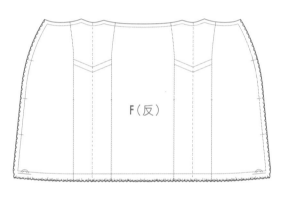

11 前片下襬左右兩端燙縮。

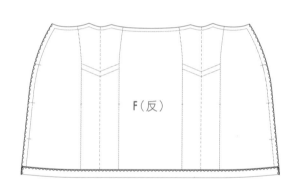

12 前片下襬反折燙。

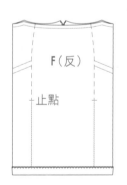

13 前片箱褶車縫至止縫點。

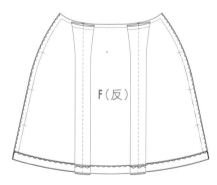

14 前片箱褶平均燙開。

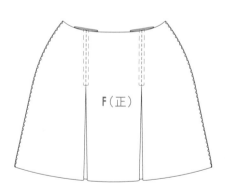

15 翻前片正面箱褶壓裝飾線。

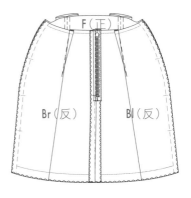

16 前後片脇邊車縫（對合記號前後對齊）。

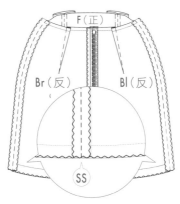

17 脇邊燙開。

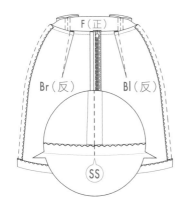

18 下襬整圈反折燙

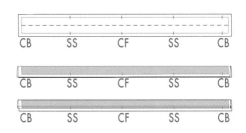

19 腰腰帶對折燙，內側（無貼襯邊）反折燙。

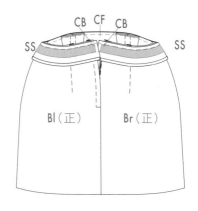

20 腰腰帶對合裙頭各處記號車縫（CB、SS、CF）。

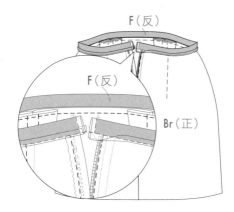

21 腰帶背面車縫I和L型，並修剪轉角處。

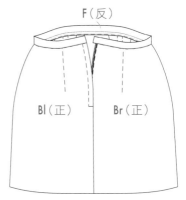

22 腰帶翻正面與內側假縫固定，落機車縫。

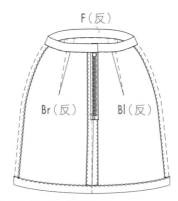

23 裙襬千鳥縫固定。

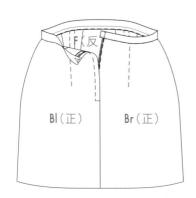

24 裙鉤縫製，即完成。

Part 4
褲子・打版與製作

01 鬆緊帶短褲

02 基本型長褲

03 五分反折褲

04 六分束口低腰褲

01
鬆緊帶短褲

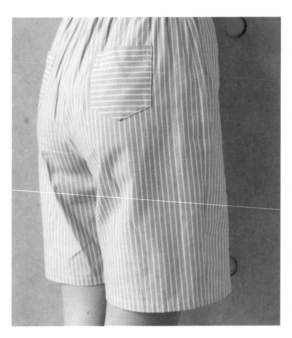

1.確認款式
鬆緊帶短褲。

2.量身
腰圍、臀圍、腰長、股上長、褲長。

3.打版
前片、後片、口袋、腰帶。

4.補正紙型
前後片脇邊腰圍線和下襬線對合修正，股下線之
褲襠線對合修正。

5.整布
使經緯紗垂直整燙布面。

6.排版
布面折雙後先排前後片，再排口袋和腰帶。

7.裁剪
前片二片、後片二片、口袋一片、腰帶一片。

8.做記號
於完成線上做記號或是做線釘（腰圍線、脇邊線、
褲襠、股下線、下襬線、口袋）。

9.燙襯
口袋口位置。

10.拷克機縫
前後片褲襠、股下線、脇邊線，口袋布周邊。

●縫製步驟瀏覽

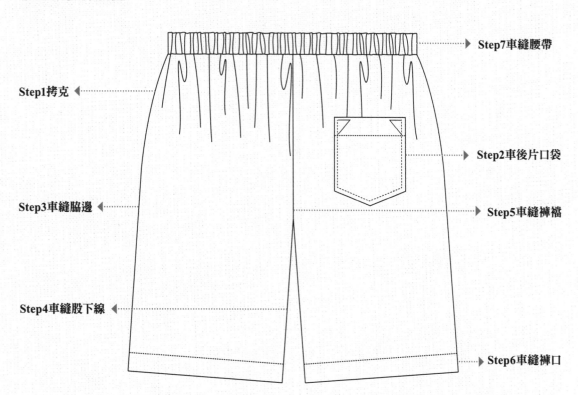

Step7車縫腰帶

Step1拷克

Step2車後片口袋

Step3車縫脇邊

Step5車縫褲襠

Step4車縫股下線

Step6車縫褲口

Ⓐ 版型製作 step by step

●鬆緊帶短褲款式尺寸

基本尺寸 (cm)
M size尺寸參考
W 腰圍) −64
H(臀圍) −92
HL(腰長) −19
BR(股上) −26
TL(褲長) −40

版型重點
1.中腰鬆緊帶
2.膝上約10公分

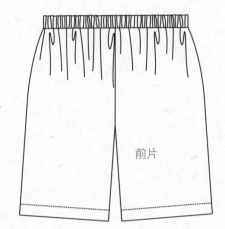

前片

後片

●完整製圖版型

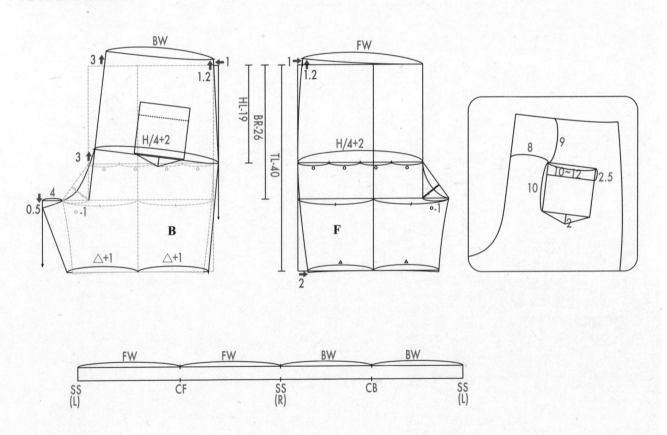

A 版型製作 step by step

●版型製圖步驟(前片)

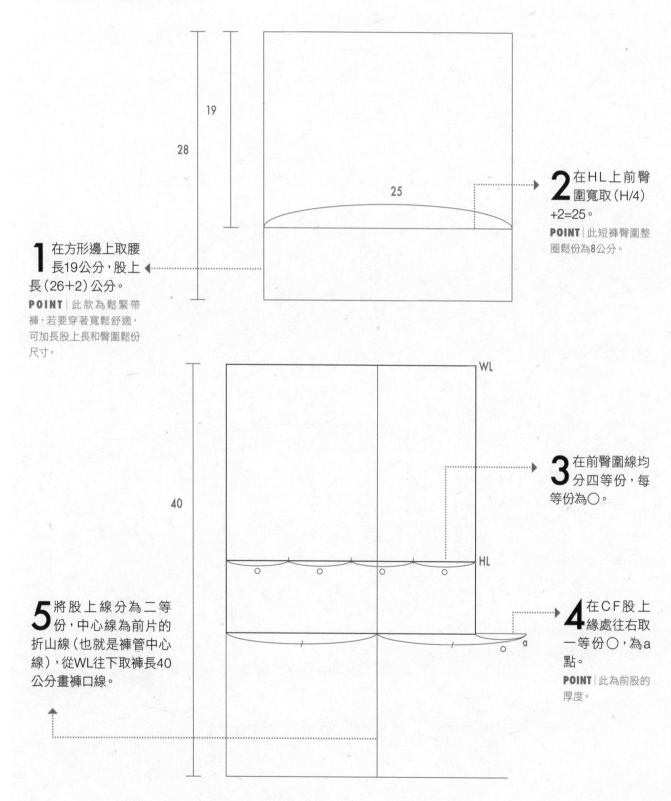

1 在方形邊上取腰長19公分,股上長(26+2)公分。

POINT 此款為鬆緊帶褲,若要穿著寬鬆舒適,可加長股上長和臀圍鬆份尺寸。

2 在HL上前臀圍寬取(H/4)+2=25。

POINT 此短褲臀圍整圈鬆份為8公分。

3 在前臀圍線均分四等份,每等份為○。

4 在CF股上緣處往右取一等份○,為a點。

POINT 此為前股的厚度。

5 將股上線分為二等份,中心線為前片的折山線(也就是褲管中心線),從WL往下取褲長40公分畫褲口線。

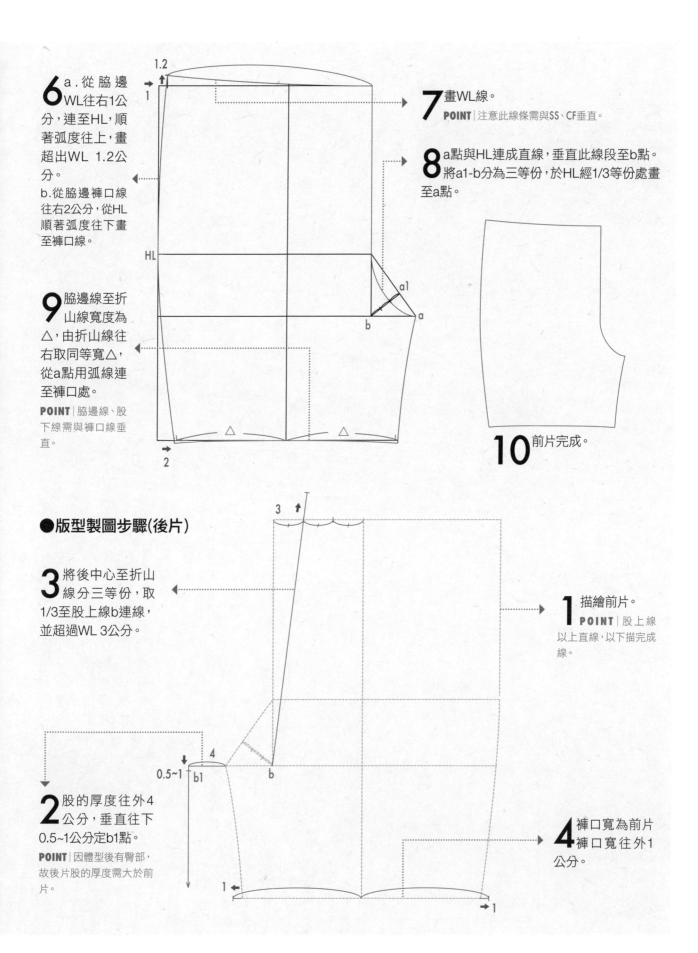

6 a.從脇邊WL往右1公分，連至HL，順著弧度往上，畫超出WL 1.2公分。

b.從脇邊褲口線往右2公分，從HL順著弧度往下畫至褲口線。

7 畫WL線。

POINT｜注意此線條需與SS、CF垂直。

8 a點與HL連成直線，垂直此線段至b點。將a1-b分為三等份，於HL經1/3等份處畫至a點。

9 脇邊線至折山線寬度為△，由折山線往右取同等寬△，從a點用弧線連至褲口處。

POINT｜脇邊線、股下線需與褲口線垂直。

10 前片完成。

● 版型製圖步驟(後片)

3 將後中心至折山線分三等份，取1/3至股上線b連線，並超過WL 3公分。

1 描繪前片。

POINT｜股上線以上直線，以下描完成線。

2 股的厚度往外4公分，垂直往下0.5~1公分定b1點。

POINT｜因體型後有臀部，故後片股的厚度需大於前片。

4 褲口寬為前片褲口寬往外1公分。

A 版型製作 step by step

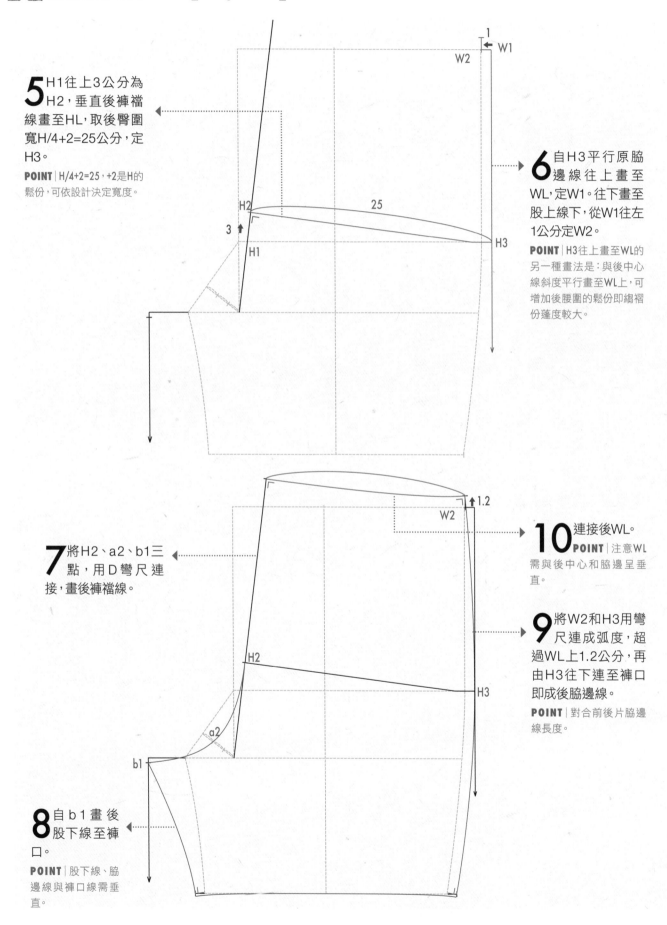

5 H1往上3公分為H2，垂直後褲襠線畫至HL，取後臀圍寬H/4+2=25公分，定H3。

POINT | H/4+2=25，+2是H的鬆份，可依設計決定寬度。

6 自H3平行原脇邊線往上畫至WL，定W1。往下畫至股上線下，從W1往左1公分定W2。

POINT | H3往上畫至WL的另一種畫法是：與後中心線斜度平行畫至WL上，可增加後腰圍的鬆份即縐褶份蓬度較大。

7 將H2、a2、b1三點，用D彎尺連接，畫後褲襠線。

8 自b1畫後股下線至褲口。

POINT | 股下線、脇邊線與褲口線需垂直。

10 連接後WL。

POINT | 注意WL需與後中心和脇邊呈垂直。

9 將W2和H3用彎尺連成弧度，超過WL上1.2公分，再由H3往下連至褲口即成後脇邊線。

POINT | 對合前後片脇邊線長度。

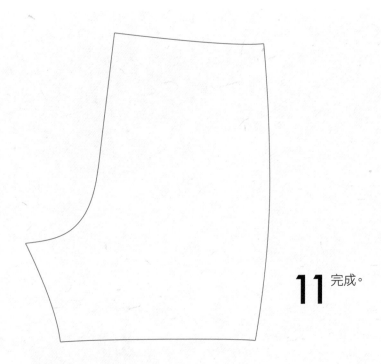

11 完成。

●裁片縫份說明

�(灰色) 襯布份	□ 實版	
□ 縫份版	– – 褶雙線	
↕ 直布紋線	╳ 斜布紋線	

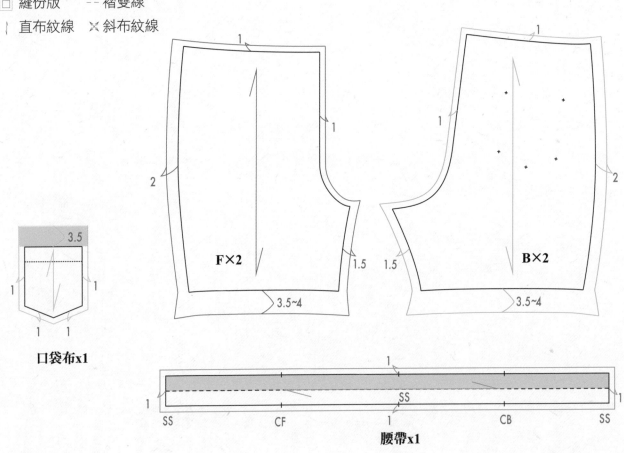

口袋布x1

F×2

B×2

3.5~4   3.5~4

腰帶x1

SS   CF   CB   SS

材料說明

單幅用布：（褲長+縫份）×2

雙幅用布：（褲長+縫份）

鬆緊帶約1碼

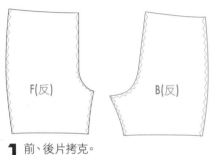

1 前、後片拷克。

2 後片口袋拷克並縫份燙襯。

3 袋口縫份二折三層車縫。

0.1~0.2

4 折燙左右及下方縫份。

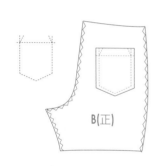

5 口袋布置於後片口袋位置上，車縫固定。

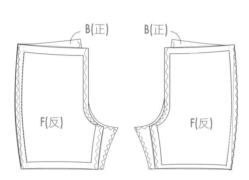

6 車縫前片脇邊線。

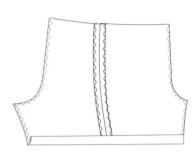

7 脇邊縫份燙開，整燙下襬（二折三層）。

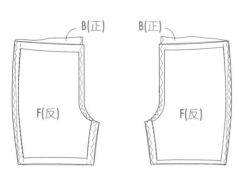

8 車縫股下線，縫份燙開。

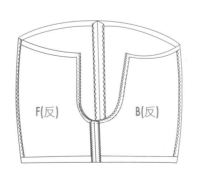

9 左右褲管正面相對，對合股下線，車縫前後褲襠線。

10 褲襠線縫份燙開，褲口兩折三層車縫裝飾。

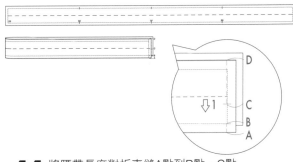

11 將腰帶長度對折車縫A點到B點，C點到D點。

POINT | B點到C點即要放鬆緊帶的地方。

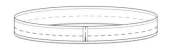

12 縫份燙開。

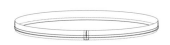

13 再將腰帶寬對燙備用。

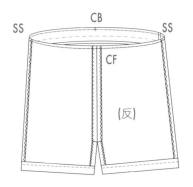

14 將腰帶對合褲子腰線CB、CF、SS，正面相對車縫完成線。

落機車縫

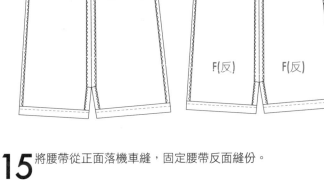

15 將腰帶從正面落機車縫，固定腰帶反面縫份。

16 使用穿鬆緊帶器夾住鬆緊帶，從脇邊縫份處，穿入鬆緊帶一圈，由同一空孔穿出。

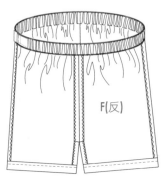

17 將鬆緊帶二端重疊1公分，來回車縫0.5公分三次加強固定。

落機車縫

18 由正面腰帶脇邊直向落機車縫，固定表布和鬆緊帶，完成。

02
基本型長褲

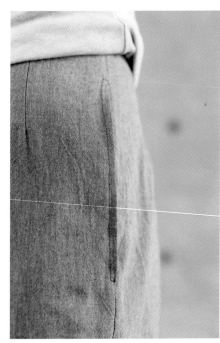

Preview

1.確認款式
基本型長褲。

2.量身
腰圍、臀圍、腰長、股上長、褲長。

3.打版
前片、後片、口袋袋布、拉鍊（貼邊布、持出布）、腰帶。

4.補正紙型
前後片脇邊腰圍線和下襬線對合修正，股下線之褲襠線對合修正。

5.整布
使經緯紗垂直整燙布面。

6.排版
布面折雙後先排前後片，再排腰帶和口袋、持出布、貼邊布。

7.裁剪
前片二片、後片二片、袋布A二片、袋布B二片、拉鍊貼邊布一片、持出布一片、腰帶一片。

8.做記號
於完成線上做記號或是做線釘（腰圍線、脇邊線、褲襠、股下線、下襬線、口袋）。

9.燙襯
口袋口位置、拉鍊貼邊布和持出布、腰帶。

10.拷克機縫
前後片褲襠、股下線、脇邊線、下襬線，口袋布脇邊、拉鍊貼邊布。

●縫製步驟瀏覽

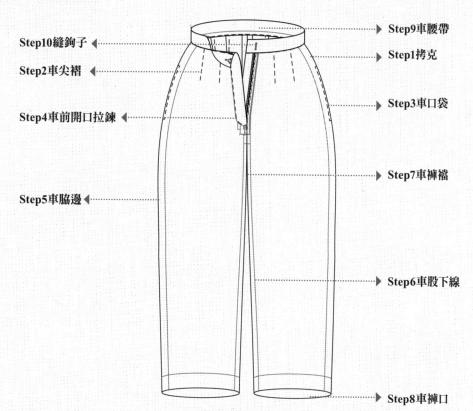

Step10縫鉤子
Step2車尖褶
Step4車前開口拉鍊
Step5車脇邊

Step9車腰帶
Step1拷克
Step3車口袋
Step7車褲襠
Step6車股下線
Step8車褲口

A 版型製作 step by step

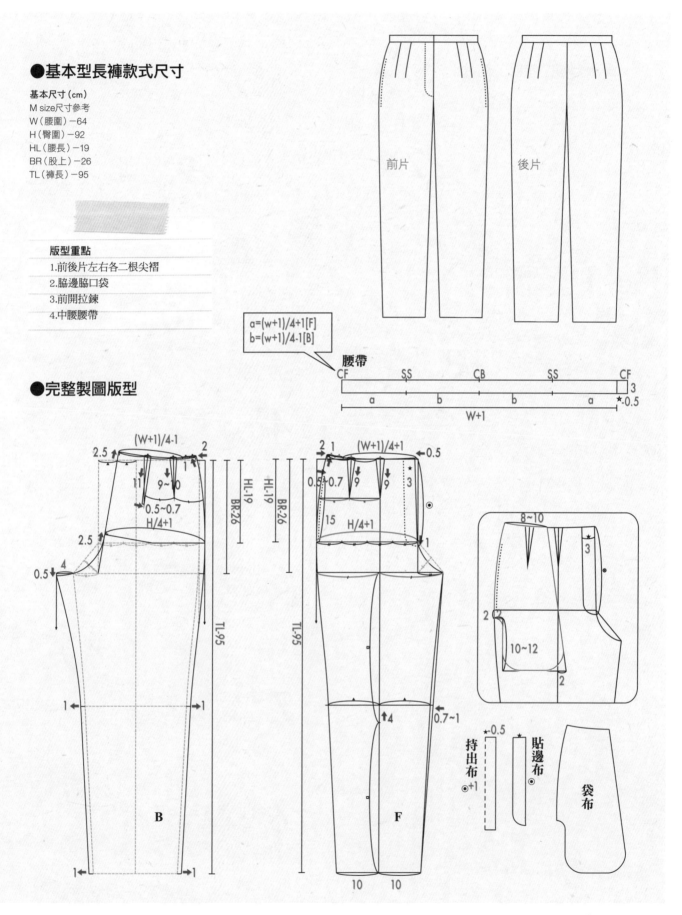

●基本型長褲款式尺寸

基本尺寸 (cm)
M size尺寸參考
W（腰圍）－64
H（臀圍）－92
HL（腰長）－19
BR（股上）－26
TL（褲長）－95

版型重點
1.前後片左右各二根尖褶
2.脇邊脇口袋
3.前開拉鍊
4.中腰腰帶

●完整製圖版型

$a=(w+1)/4+1[F]$
$b=(w+1)/4-1[B]$

腰帶

前片　後片

A 版型製作 step by step

●版型製圖步驟（前片）

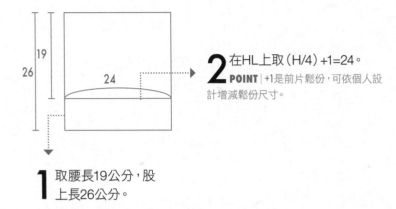

2 在HL上取（H/4）+1=24。
POINT | +1是前片鬆份，可依個人設計增減鬆份尺寸。

1 取腰長19公分，股上長26公分。

3 在HL均分4等份。

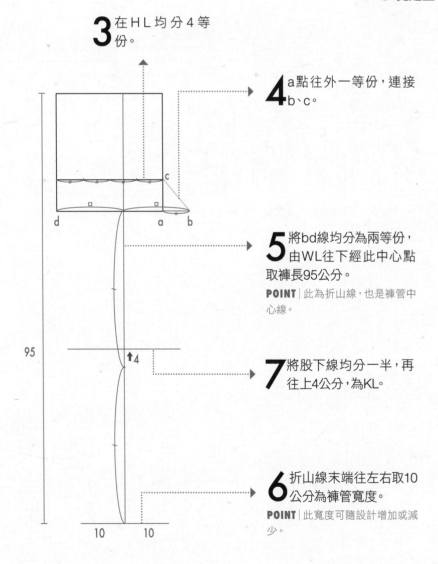

4 a點往外一等份，連接b、c。

5 將bd線均分為兩等份，由WL往下經此中心點取褲長95公分。
POINT | 此為折山線，也是褲管中心線。

7 將股下線均分一半，再往上4公分，為KL。

6 折山線末端往左右取10公分為褲管寬度。
POINT | 此寬度可隨設計增加或減少。

13 WL弧線連接。
POINT | 注意WL與脇邊、前中心垂直。

9 在WL脇邊往右2公分，連結弧線至HL，並超過1~1.2公分。

10 在KL取同等寬◎，將H寬連至KL再至褲口線。

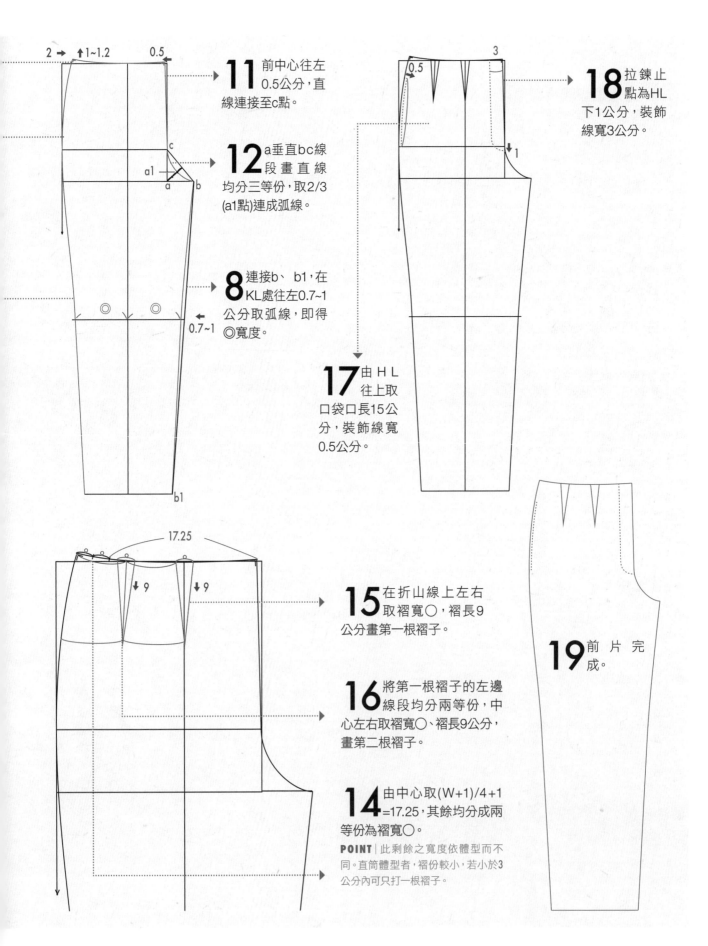

11 前中心往左0.5公分，直線連接至c點。

12 a垂直bc線段畫直線均分三等份，取2/3(a1點)連成弧線。

8 連接b、b1，在KL處往左0.7~1公分取弧線，即得◎寬度。

17 由HL往上取口袋口長15公分，裝飾線寬0.5公分。

18 拉鍊止點為HL下1公分，裝飾線寬3公分。

15 在折山線上左右取褶寬◯，褶長9公分畫第一根褶子。

16 將第一根褶子的左邊線段均分兩等份，中心左右取褶寬◯，褶長9公分，畫第二根褶子。

14 由中心取(W+1)/4+1=17.25，其餘均分成兩等份為褶寬◯。

POINT 此剩餘之寬度依體型而不同。直筒體型者，褶份較小，若小於3公分內可只打一根褶子。

19 前片完成。

A 版型製作 step by step

●版型製圖步驟（後片）

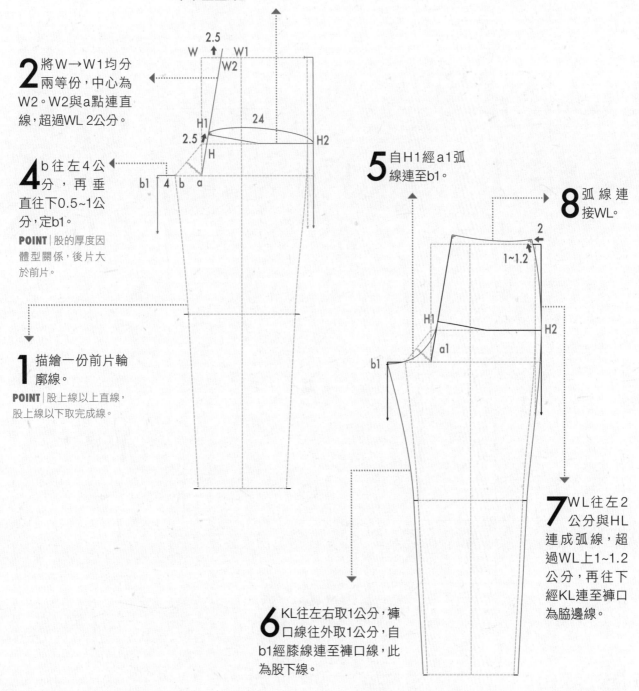

3 H往上2.5公分為H1，畫垂直於後中心線至HL。取（H/4）+1=24至H2為後臀圍寬，再往上下取垂直線。

2 將W→W1均分兩等份，中心為W2。W2與a點連直線，超過WL 2公分。

4 b往左4公分，再垂直往下0.5~1公分，定b1。

POINT｜股的厚度因體型關係，後片大於前片。

1 描繪一份前片輪廓線。

POINT｜股上線以上直線，股上線以下取完成線。

5 自H1經a1弧線連至b1。

8 弧線連接WL。

7 WL往左2公分與HL連成弧線，超過WL上1~1.2公分，再往下經KL連至褲口為脇邊線。

6 KL往左右取1公分，褲口線往外取1公分，自b1經膝線連至褲口線，此為股下線。

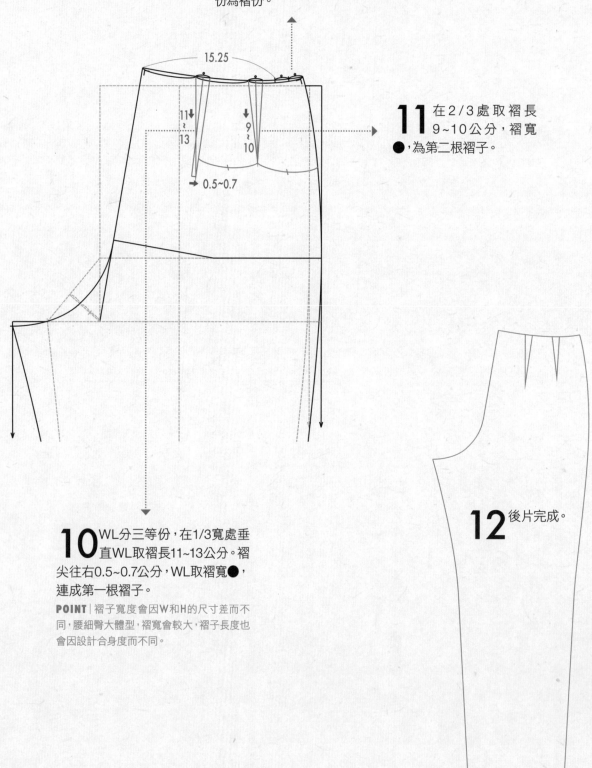

9 在 WL 上取（W＋1）/4－
1=15.25，其餘尺寸均分兩等
份為褶份。

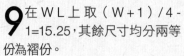

15.25

11↓
∫
13

↓
9
∫
10

→0.5~0.7

11 在2/3處取褶長
9~10公分，褶寬
●，為第二根褶子。

10 WL分三等份，在1/3寬處垂
直WL取褶長11~13公分。褶
尖往右0.5~0.7公分，WL取褶寬●，
連成第一根褶子。

POINT｜褶子寬度會因W和H的尺寸差而不
同，腰細臀大體型，褶寬會較大，褶子長度也
會因設計合身度而不同。

12 後片完成。

●裁片縫份説明

- ▨ 襯布份　　□ 實版
- ▢ 縫份版　　-- 褶雙線
- ↓ 直布紋線　╳ 斜布紋線

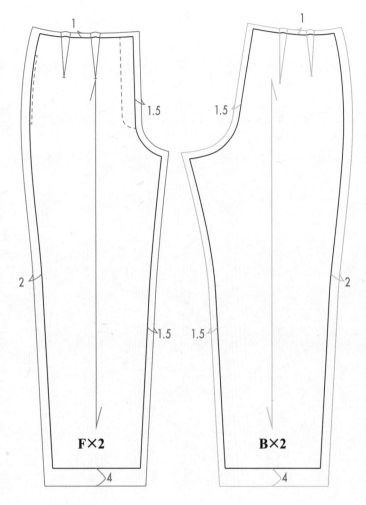

F×2

B×2

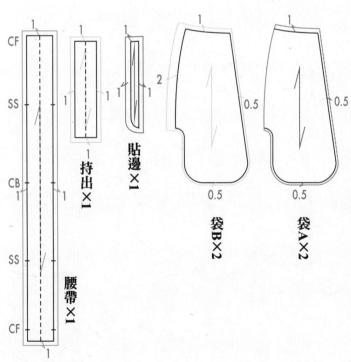

CF

SS

CB

SS

CF

腰帶×1

持出×1

貼邊×1

袋B×2

袋A×2

材料說明

單幅用布：(褲長+縫份)×2
雙幅用布：(褲長+縫份)
腰帶襯約一碼
釦子一顆

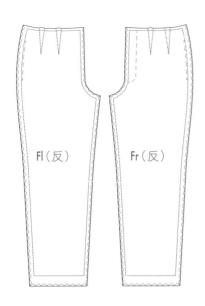

Fl（反）　Fr（反）　Br（反）　Bl（反）

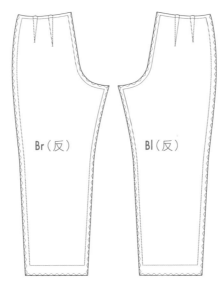

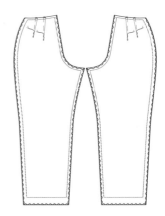

袋Ar（反）　袋Al（反）　袋Bl（反）　袋Br（反）

1 依圖示部位拷克。

2 前後片皆車尖褶,將褶尖留線15～20公分打結穿針目,並將縫份倒向中心。

0.2

F(正)

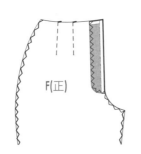

Fr(正)

Fr(反)

3 前開口貼邊布,先將貼邊布中心線縫份修剪0.2公分。

4 將貼邊布置於褲身,正面對正面,車縫貼邊布完成線。

5 在貼邊布上與縫份壓0.1公分。

6 使用熨斗燙褲襠並整燙完成線,使貼邊布推入不外露。

B 縫製How to make

7 車縫左右前片褲子,從拉鍊止點至股下線上2公分處。

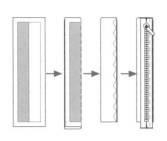

8 將持出布正面反折車縫下方完成線,縫份修剪至0.5公分翻至正面整燙後壓縫0.1公分,拷克後再將拉鍊置於持出布上車縫0.5公分固定。

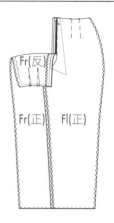

9 左F1身片縫份燙出0.3公分,與持出布拉鍊車縫0.1公分。

10 將左身片與右身片假縫固定前中心開口。

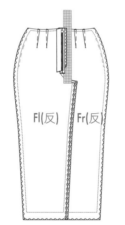

11 將方格尺置於貼邊布縫份下,將貼邊布與拉鍊假縫後車縫0.5公分固定。

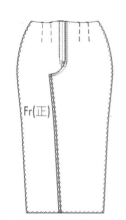

12 從正面壓縫裝飾線寬2.5~3.5公分。

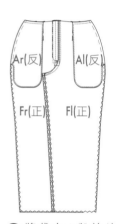

13 將袋布A與前片車縫,車縫寬度為前片1/2脇邊縫份寬。

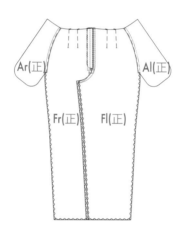

14 將袋布A整燙,在袋布與縫份上壓縫0.1公分。

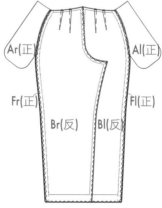

15 後片褲身與前片正面對正面。車縫口袋口以上,與以下之脇邊線。

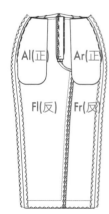

16 縫份燙開。

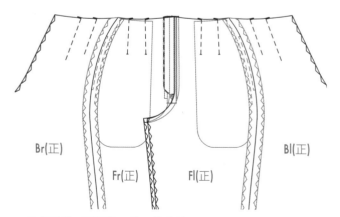

17 從正面壓縫口袋口裝飾線。

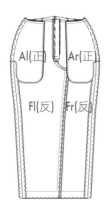

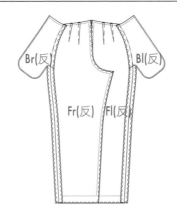

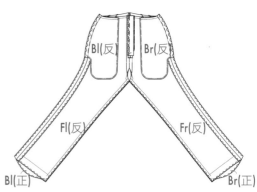

18 將袋布B正面置於袋布A正面上,對合後面縫份,車縫完成線。

Point|只車縫袋布B和後片縫份。

19 將袋布AB對合車縫0.5公分,並將袋布AB拷克。

Point|如事先沒有拷克,事後可將袋布AB一起拷克,目的是減少厚度。

20 將前後褲身對合,車縫股下線,縫份燙開。

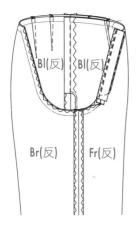

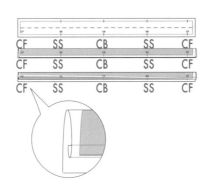

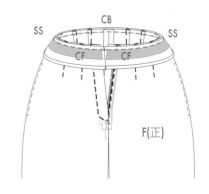

21 左右褲身對正,套入同一褲管內,車縫前後褲襠。

22 腰帶對折燙,內側(無貼襯邊)反折燙,縫份約0.8公分。

23 腰帶對合褲頭各處記號車縫(CB、SS、CF)。

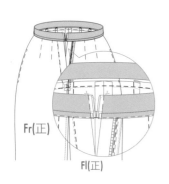

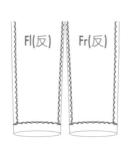

24 腰帶前中心背面車縫I型,並修剪轉角處。

25 腰帶翻正面與內側假縫固定,從正面落機車縫。

26 褲口千鳥縫固定。

27 褲鉤縫製,即完成。

03
五分反折褲

1.確認款式
五分反折褲。

2.量身
腰圍、臀圍、腰長、股上長、褲長。

3.打版
前片、後片、口袋（絏邊布、貼邊布、袋布）、拉鍊（貼邊布、持出布）、腰帶。

4.補正紙型
前後片脇邊腰圍線和下襬線對合修正，股下線之褲襠線對合修正。

5.整布
使經緯紗垂直整燙布面。

6.排版
布面折雙後先排前後片，再排腰帶和口袋。

7.裁剪
前片二片、後片二片、拉鍊貼邊布一片、持出布一片、腰帶一片、口袋（滾邊布一片、貼邊布一片、袋布一片）。

8.做記號
於完成線上做記號或是做線釘（腰圍線、脇邊線、褲襠、股下線、下襬線、口袋）。

9.燙襯
口袋口位置（貼邊布、滾邊布）、拉鍊貼邊布和持出布、腰帶。

10.拷克機縫
前後片褲襠、股下線、脇邊線、拉鍊貼邊布。

● 縫製步驟瀏覽

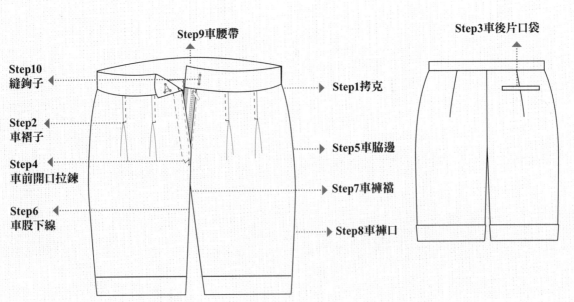

Step9車腰帶

Step3車後片口袋

Step10 縫鉤子

Step1拷克

Step2 車褶子

Step4 車前開口拉鍊

Step5車脇邊

Step6 車股下線

Step7車褲襠

Step8車褲口

A 版型製作 step by step

●五分反折褲款式尺寸

基本尺寸 (cm)
M size尺寸參考
W 腰圍) －64
H(臀圍) －92
HL(腰長) －19
BR(股上) －26

版型重點
1.前片左右各二根活褶
2.後片左右各一根尖褶
3.後片右邊有單滾邊口袋
4.前開拉鍊
5.中腰腰帶
6.下襬反折

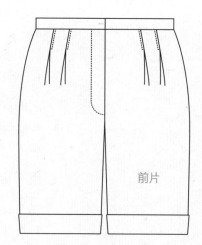

前片　　　後片

●完整製圖版型

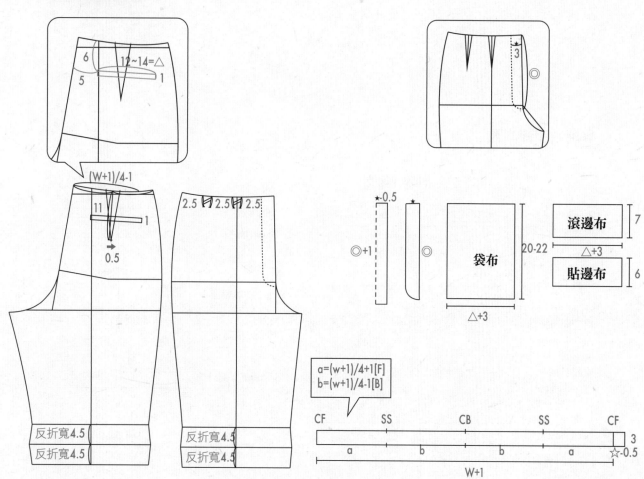

(W+1)/4-1

12~14=△

反折寬4.5
反折寬4.5

★-0.5

◎+1　　◎

袋布　　20-22

△+3

a=(w+1)/4+1[F]
b=(w+1)/4-1[B]

滾邊布　7

△+3

貼邊布　6

CF　　SS　　CB　　SS　　CF　3

a　　b　　b　　a　☆-0.5

W+1

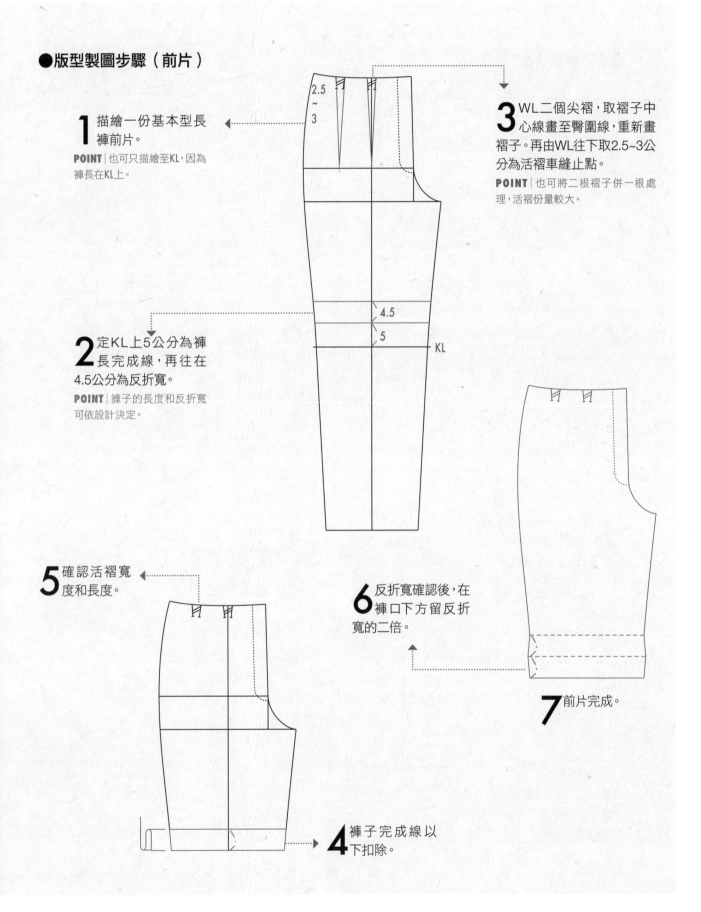

●版型製圖步驟（前片）

1 描繪一份基本型長褲前片。

POINT｜也可只描繪至KL，因為褲長在KL上。

2 定KL上5公分為褲長完成線，再往在4.5公分為反折寬。

POINT｜褲子的長度和反折寬可依設計決定。

2.5
~
3

4.5

5

KL

3 WL二個尖褶，取褶子中心線畫至臀圍線，重新畫褶子。再由WL往下取2.5~3公分為活褶車縫止點。

POINT｜也可將二根褶子併一根處理，活褶份量較大。

5 確認活褶寬度和長度。

6 反折寬確認後，在褲口下方留反折寬的二倍。

4 褲子完成線以下扣除。

7 前片完成。

121

A 版型製作 step by step

●版型製圖步驟（後片）

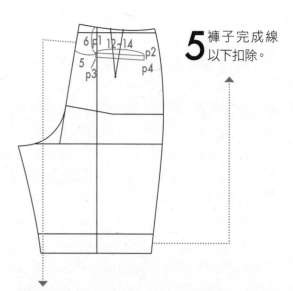

1 描繪一份基本型長褲後片。

POINT | 可只描繪至KL。

2 在WL上 a-a1 取 $(W+1)/4-1=15.25$，a1-a2為後片活褶寬☆。

3 WL均分一半，定b點；b點垂直WL往下11公分定b1，由b點左右平均取褶寬☆，即b2、b3。b1點往右0.5公分為b4，連接b2→b4，b3→b4。為後片褶子。

4 KL上5公分為褲長完成線，再往上4.5公分為反折寬。

POINT | 反折寬尺寸依設計變化而定。

5 褲子完成線以下扣除。

6 WL下6公分和後中心往右5公分的交叉點為p1點，p1-p2取口袋口長12~14公分（此線段與腰圍線平行），p3-p4與p1-p2平行寬取1公分，即為口袋口寬。

POINT | 口袋大小可依款式設計而決定。

7 反折寬確認後，在褲口下方留反折寬的二倍。

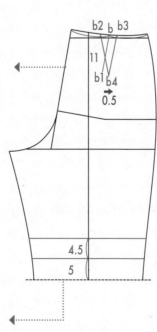

8 後片完成。

●裁片縫份説明

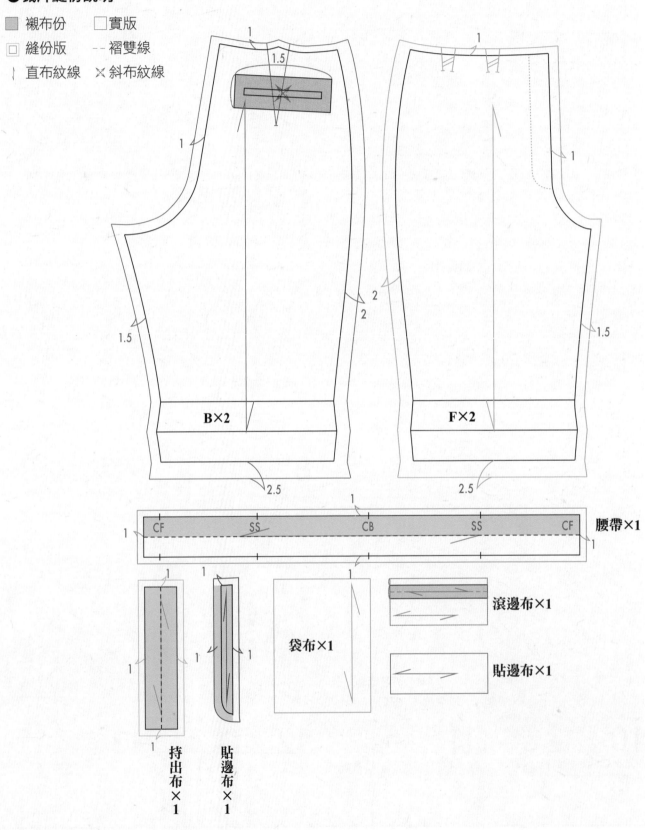

襯布份　　□實版
□ 縫份版　　-- 褶雙線
↓ 直布紋線　✕斜布紋線

1

1.5

1

1

2
2

1.5

1.5

B×2

F×2

2.5

2.5

1

CF　　　　SS　　　　　CB　　　　　SS　　　　CF　　腰帶×1

1
1

1
1

1

滾邊布×1

袋布×1

貼邊布×1

持
出
布
×
1

貼
邊
布
×
1

4 前片口袋口縫份下燙襯。

1 拷克後,車縫褶子至止點,並將褶子倒向CF整燙。

2 正面壓縫裝飾線0.5公分。

3 車縫後片褶子,腰線縫份車縫至止點,褶尖不回針留線15~20公分,打結穿針目2~3針。

5 折燙口袋口完成寬度。

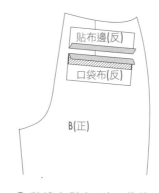

6 後片褲子口袋口燙斜紋布襯。
POINT | 長寬為口袋口完成線往外2公分左右,貼襯目的為防止口袋口變形。

7 將口袋布對合B片口袋線下方,車縫完成線,縫份倒下方。
POINT | 車縫口袋口長,不包含縫份。

8 貼邊布對合B片口袋線上方,車縫完成線,縫份倒上方。

9 貼邊布與口袋布車縫之二道平行線為袋口長和寬,並剪Y型至車縫止點。

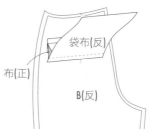

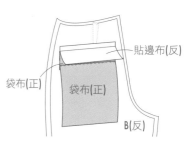

10 將貼邊布與口袋布翻至褲子反面,褲子正面燙出口袋布完成寬。袋口假縫固定口袋布。

11 車縫口袋布與縫份。
POINT | 車縫在前一條車縫線上。目的使口袋口滾邊寬固定。

12 袋布與口袋布正面對正面車縫1公分。

13 縫份倒向袋布車縫0.1公分。

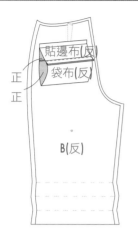

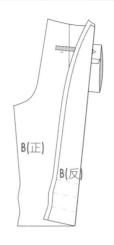

14 袋布與貼邊布正面相對車縫1公分，縫份倒向袋布。

15 車縫口袋口二側三角布來回三次。

16 車縫二層袋布0.5~0.7公分。三邊拷克。

17 車縫前片拉鍊，貼邊布中心線縫份修剪0.2公分，置於褲身，正面對正面，車縫貼邊布完成線。在貼邊布上與縫份壓0.1公分。

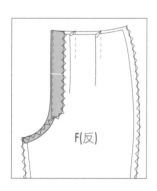

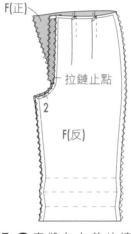

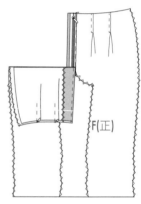

18 使用熨斗燙褲襠並整燙完成線，使貼邊布推入不外露。

19 車縫左右前片褲子，從拉鍊止點至股下線上2公分處。

20 將持出布正面反折車縫下方完成線，縫份修剪至0.5公分，翻至正面整燙後壓縫0.1公分。

21 拉鍊置於持出布上車縫0.5公分固定。

22 右身片縫份燙出0.3公分，與持出布拉鍊車縫0.1公分。

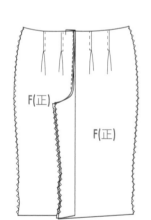

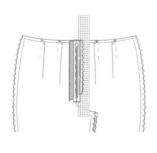

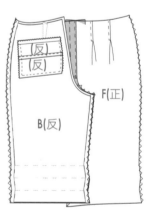

23 將左身片與右身片假縫固定前中心開口。

24 將方格尺置於前片的反面貼布縫份下，將貼邊布與拉鍊假縫後車縫0.5公分固定。

25 從正面壓縫裝飾線寬2.5~3.5公分。

26 將前後褲身對合，車縫脇邊線和股下線，縫份燙開。

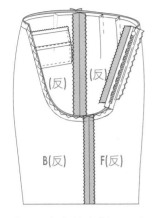

B(反)　F(反)

27 左右褲身對正，套入同一褲管內，車縫前後褲襠，縫份燙開。

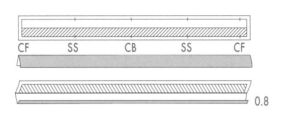

CF　SS　CB　SS　CF

0.8

28 車縫腰帶，腰帶無燙襯的部位縫份折燙約0.8公分。

POINT 即腰帶對折後會蓋住腰帶襯完成線外0.2公分。

F(正)

29 腰帶與褲身正面對正面對合，對合CF、SS、CB再假縫固定，車縫完成線外0.1公分（即襯的厚度）。

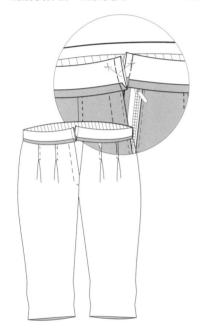

30 將腰帶布反折，車縫I字形，修剪縫份後翻至正面。

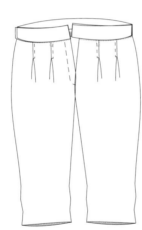

31 表腰帶正面落機車縫，固定背面縫份。

F/B(反)

32 褲口處理，褲口反折份為(反折寬二倍)+縫份。

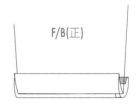

F/B(正)

33 整燙反折寬，內部縫份為二折三層。

POINT 先燙0.7~1公分，再燙完成線。

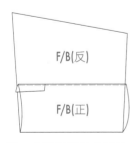

F/B(反)

F/B(正)

34 將反折份往下拉，車縫縫份一圈。

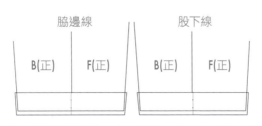

脇邊線　　　股下線

B(正)　F(正)　　B(正)　F(正)

35 將反折份往上整燙至完成線，在脇邊、股下線反折份上落機車縫。

36 褲子腰帶縫鉤子，即完成。

04

六分束口低腰褲

1.確認款式
六分束口低腰褲。

2.量身
腰圍、臀圍、腰長、股上長、褲長、褲口長。

3.打版
前片、後片、口袋袋布、拉鍊（貼邊布、持出布）、腰帶。

4.補正紙型
前後片脇邊腰圍線和下襬線對合修正，股下線之褲襠線對合修正；低腰腰帶紙型對合。

5.整布
使經緯紗垂直整燙布面。

6.排版
布面折雙後先排前後片，再排腰帶、束口布和口袋、持出布、貼布邊。

7.裁剪
前片二片、後片二片、袋布A二片、袋布B二片、拉鍊貼邊布一片、持出布一片、後腰帶折雙二片、前腰帶左右片各二片。

8.做記號
於完成線上做記號或是做線釘（腰圍線、脇邊線、褲襠、股下線、下襬線、口袋）。

9.燙襯
口袋口位置、拉鍊貼邊布和持出布、腰帶、束口布。

10.拷克機縫
前後片褲襠、股下線、脇邊線，口袋布脇邊、拉鍊貼邊布。

● 縫製步驟瀏覽

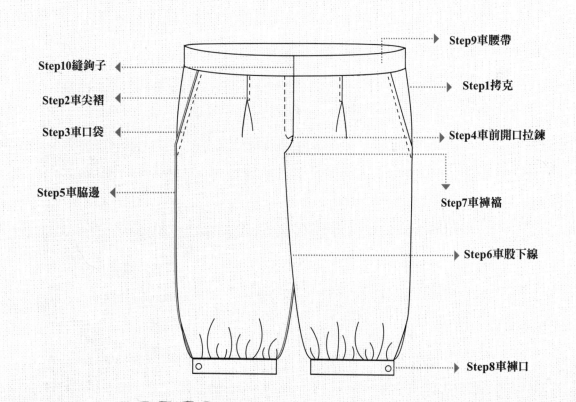

Step9車腰帶

Step10縫鉤子

Step2車尖褶

Step3車口袋

Step1拷克

Step4車前開口拉鍊

Step5車脇邊

Step7車褲襠

Step6車股下線

Step8車褲口

Ⓐ 版型製作 step by step

●六分束口低腰褲款式尺寸

基本尺寸（cm）
M size尺寸參考
W 腰圍）－64
H(臀圍）－92
HL(腰長）－19
BR(股上）－26

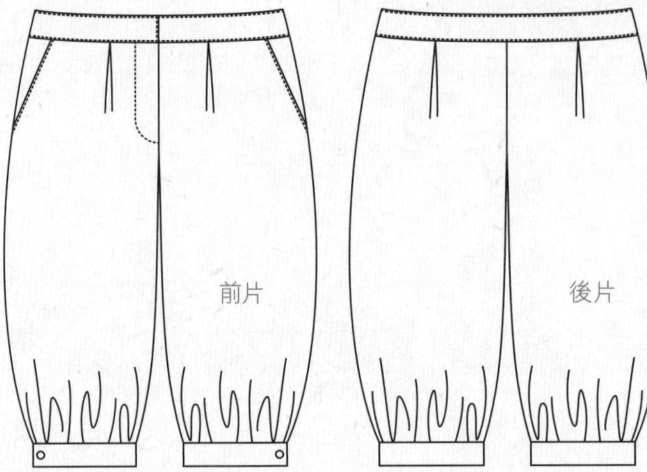

版型重點
1.前後片左右各一根活褶
2.前片左右有剪接式斜口袋
3.前開拉鍊
4.低腰腰帶
5.下襬抽褶束口

前片　　後片

●完整製圖版型

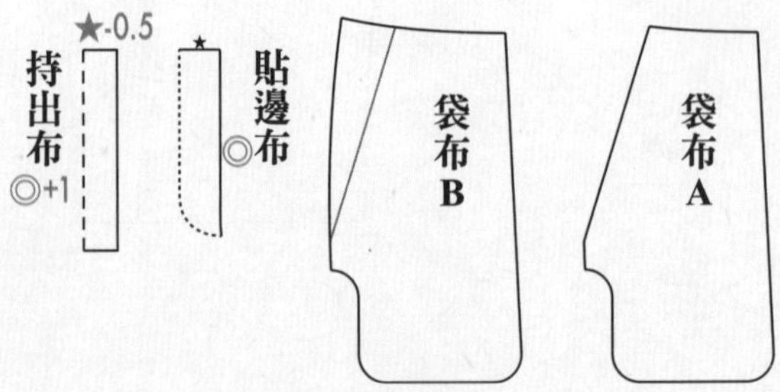

3

4

a　　a1
a3
3.5

14~16

4　　b2　b
b3　★-0.5
3.5

14~16

4
14~16
1.5
2　2
8~10
★
3

2

KL
叉止點
2
6

叉止點
6　6~8
1.5

★-0.5
持出布
◎+1

★
貼邊布
◎

袋布 B

袋布 A

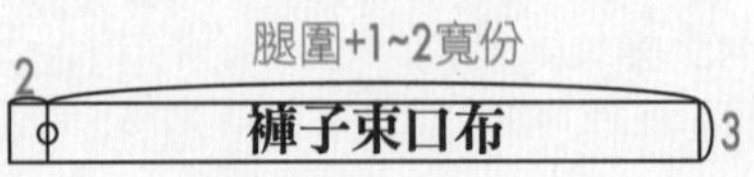

2
腿圍+1~2寬份
褲子束口布
3

129

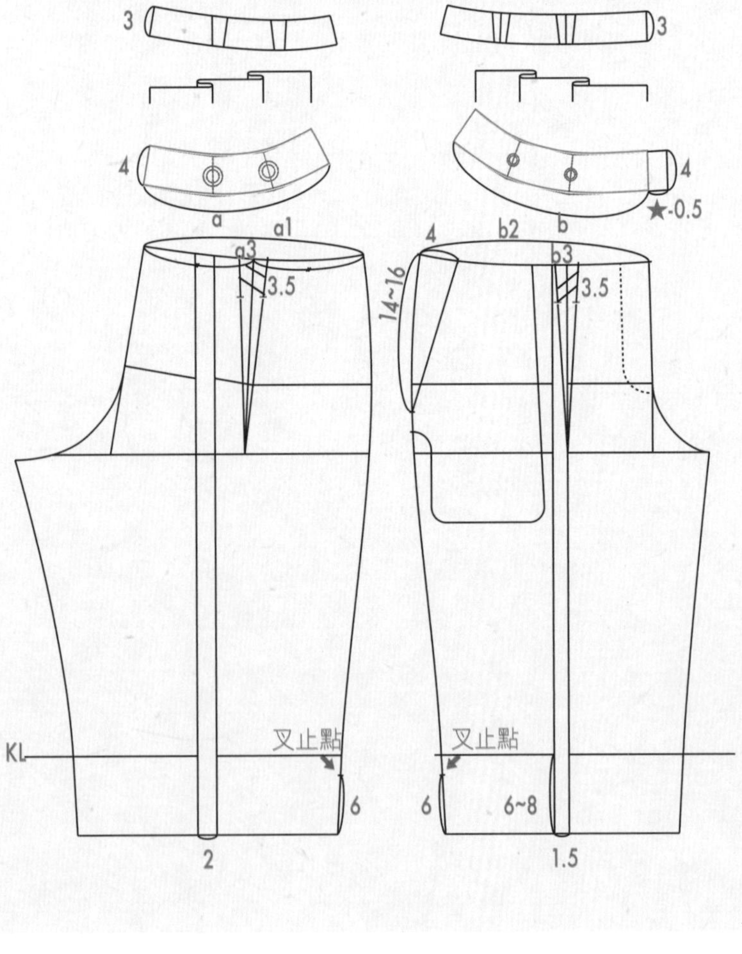

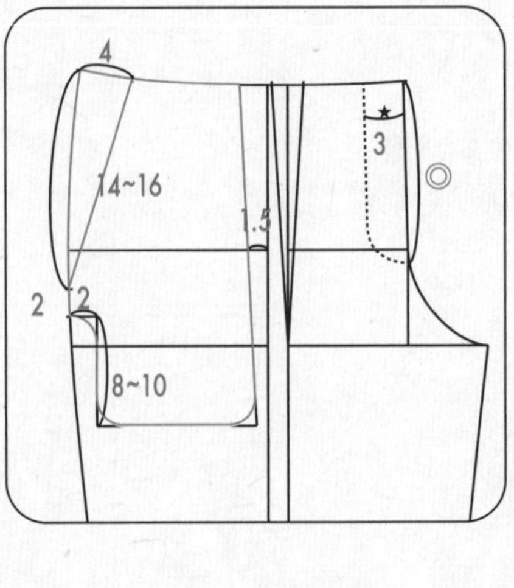

A 版型製作 step by step

●版型製圖步驟（前片）

3 平行WL下取低腰3公分，再取4公分為腰帶寬。

POINT | 注意此腰帶寬上下腰線需與前中心、脇邊線成垂直。

4 腰帶上的褶子紙上折疊。

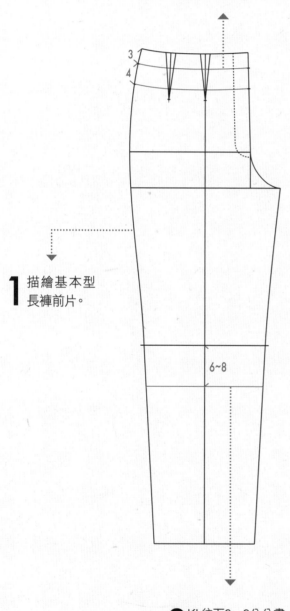

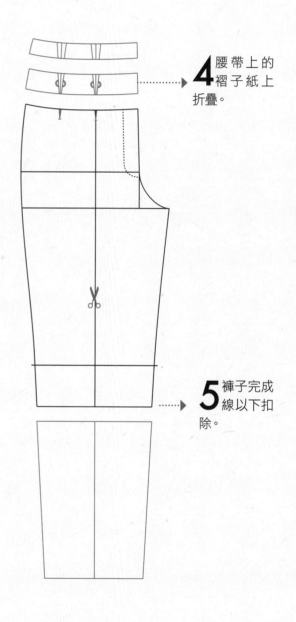

1 描繪基本型長褲前片。

6~8

5 褲子完成線以下扣除。

2 KL往下6～8公分畫褲長。

POINT | 此長度可依個人喜好而定。

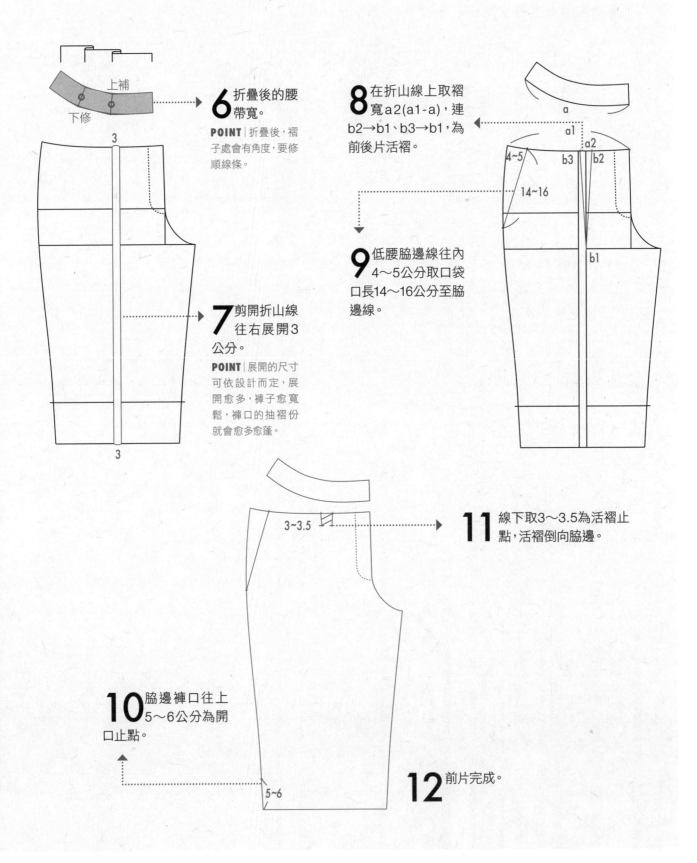

6 折疊後的腰帶寬。

POINT|折疊後，褶子處會有角度，要修順線條。

上補

下修

3

3

7 剪開折山線往右展開3公分。

POINT|展開的尺寸可依設計而定，展開愈多，褲子愈寬鬆，褲口的抽褶份就會愈多愈蓬。

8 在折山線上取褶寬a2(a1-a)，連b2→b1、b3→b1，為前後片活褶。

a

a1

a2

4~5　b3　b2

14~16

b1

9 低腰脇邊線往內4～5公分取口袋口長14～16公分至脇邊線。

3~3.5

11 線下取3～3.5為活褶止點，活褶倒向脇邊。

10 脇邊褲口往上5～6公分為開口止點。

5~6

12 前片完成。

A 版型製作 step by step

●版型製圖步驟（後片）

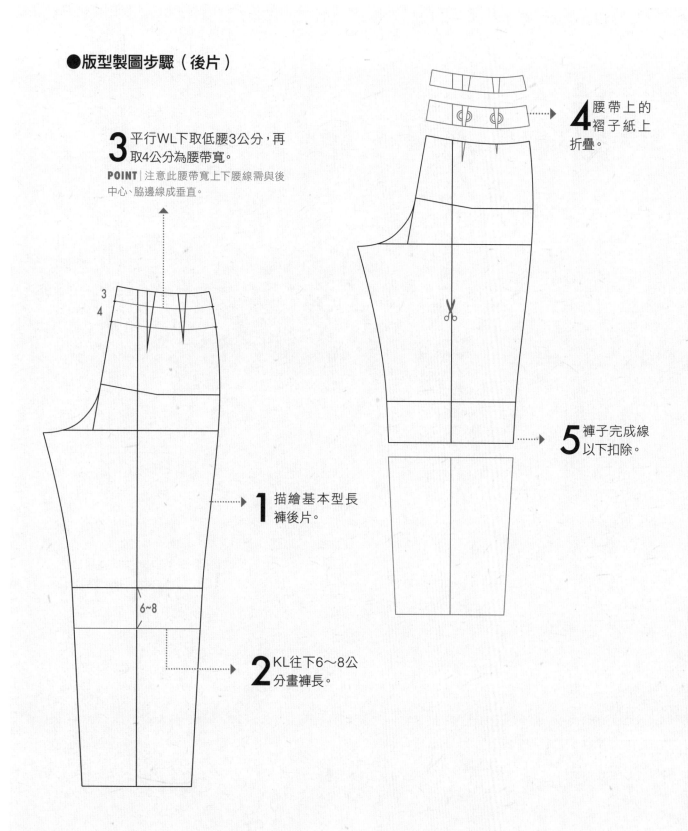

3 平行WL下取低腰3公分，再取4公分為腰帶寬。

POINT | 注意此腰帶寬上下腰線需與後中心、脇邊線成垂直。

4 腰帶上的褶子紙上折疊。

5 褲子完成線以下扣除。

1 描繪基本型長褲後片。

2 KL往下6～8公分畫褲長。

6~8

3
4

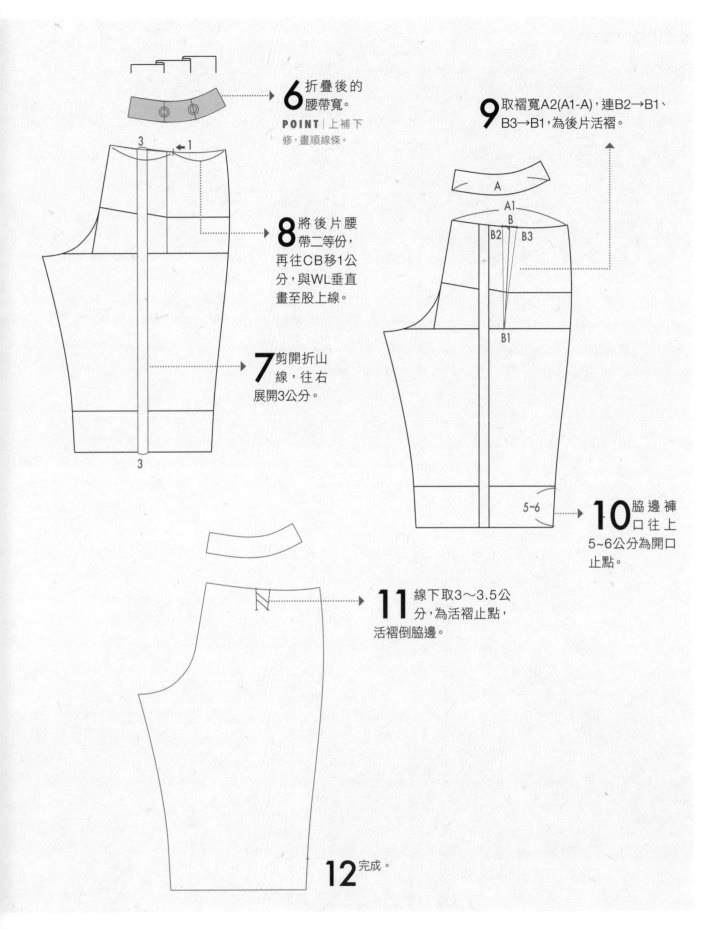

6 折疊後的腰帶寬。

POINT｜上補下修，畫順線條。

3 ← 1

8 將後片腰帶二等份，再往CB移1公分，與WL垂直畫至股上線。

7 剪開折山線，往右展開3公分。

3

9 取褶寬A2(A1-A)，連B2→B1、B3→B1，為後片活褶。

A

A1

B

B2　B3

B1

5~6

10 脇邊褲口往上5~6公分為開口止點。

11 線下取3～3.5公分，為活褶止點，活褶倒脇邊。

12 完成。

●裁片縫份說明

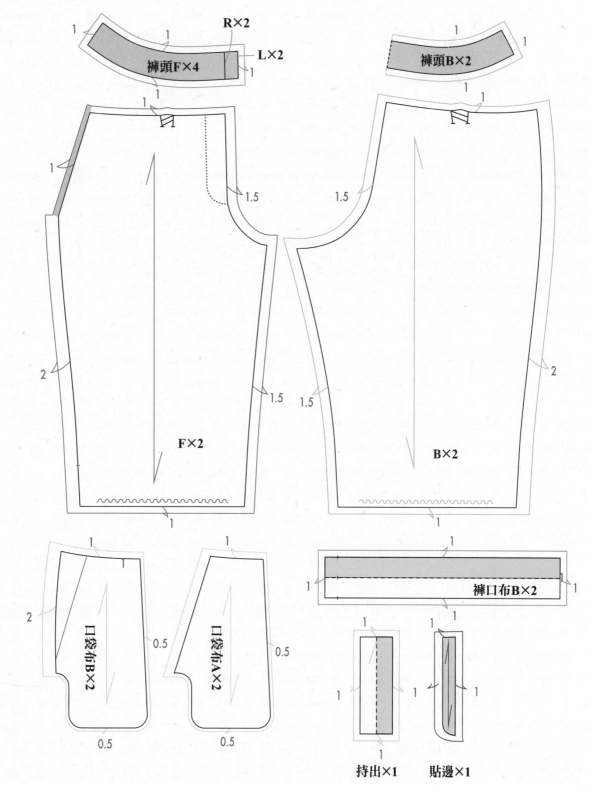

■ 襯布份　　□ 實版

□ 縫份版　　-- 褶雙線

∣ 直布紋線　✕ 斜布紋線

R×2
L×2
褲頭F×4
褲頭B×2

F×2
B×2

口袋布B×2
口袋布A×2

褲口布B×2

持出×1　　貼邊×1

134

B 縫製How to make

材料說明
單幅用布：（褲長+縫份）×2
雙幅用布：（褲長+縫份）
布襯約一尺
釦子一顆

1 拷克。

2 車縫後片褶子至止點。褶子倒向CB整燙。

3 正面壓縫裝飾線0.5公分。同方法，車縫前片活褶。

4 車縫前片口袋，袋布A縫份修剪0.2公分。

5 袋布A與褲身正面對正面車縫完成線，並剪牙口至止點。

6 縫份倒向袋布A，整燙壓縫裝飾線0.1公分。

7 袋布A翻至前片反面，由前片正面袋口壓縫裝飾線0.5公分。

8 口袋口對合記號標記。

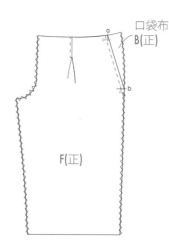

口袋布
B(正)

9 袋布B正面置於前片口袋口下方，對合a、b點以珠針固定。

口袋布
A(反)

F(反)

10 將前片翻起，車縫袋布A、B周邊0.5公分，並拷克。

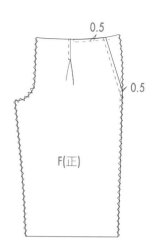

0.5

0.5

F(正)

11 將前片、袋布A、袋布B三層縫份固定0.5公分。

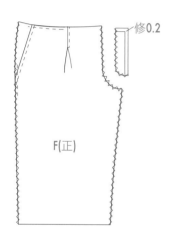

修0.2

F(正)

12 車縫前片拉鍊，貼邊布中心線縫份修剪0.2公分。

0.1

F(正)

13 將貼邊布置於褲身，正面對正面，車縫貼邊布完成線。並將貼邊和縫份壓0.1公分。

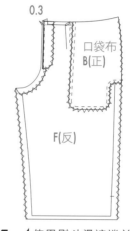

0.3

口袋布
B(正)

F(反)

14 使用熨斗燙褲襠並整燙完成線，使貼邊布推入不外露。

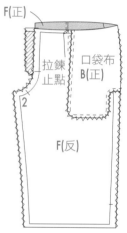

F(正)

拉鍊
止點

口袋布
B(正)

2

F(反)

15 車縫左右前片褲子，從拉鍊止點至股下線上2公分處。

---

16 將持出布正面反折，車縫下方完成線。

0.1

17 縫份修剪至0.5公分，翻至正面整燙後壓縫0.1公分。

18 將拉鍊置於持出布上車縫0.5公分固定。

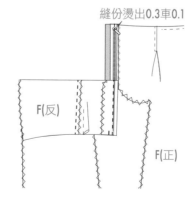

縫份燙出0.3車0.1

F(反)

F(正)

19 右身片縫份燙出0.3公分，與持出布拉鍊車縫0.1公分。

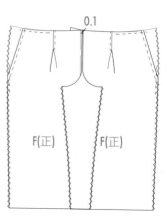

0.1

F(正) F(正)

20 將左身片與右身片假縫固定前中心開口。

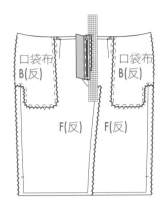

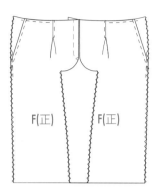

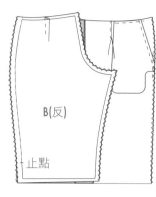

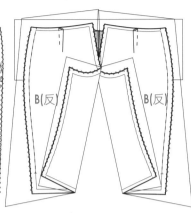

21 將方格尺置於前片的反面貼邊布縫份下，將貼邊布與拉鍊假縫後車縫0.5公分固定。

22 從正面壓縫裝飾線寬2.5~3.5公分。

23 將前後褲身對合，車縫脇邊線。

24 車縫前後股下線，縫份燙開。

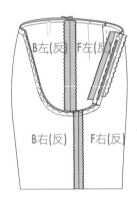

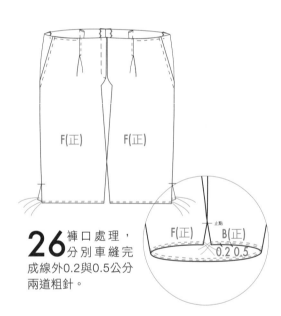

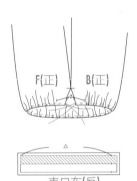

25 左右褲身對正，套入同一褲管內，車縫前後褲襠、縫份燙開。

26 褲口處理，分別車縫完成線外0.2與0.5公分兩道粗針。

27 拉下線產生蓬份，縫份整燙（以安定縫份），褲口完成寬約與束口布△同等長。

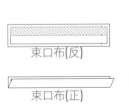

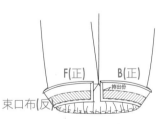

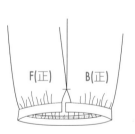

28 束口布縫份先折燙0.8公分，再對折熨燙。

29 將束口布與褲子褲口線正面相對，對合尺寸大小，持出布在後片開口處，車縫完成線外0.1公分。

30 將束口布反折，車縫直線和倒L型，縫份修小，再翻至正面。

31 從正面落機車縫固定背面縫份。

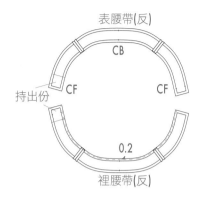

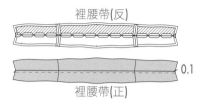

32 車縫腰帶，將表裡腰帶脇邊各自縫合後縫份燙開。將裡腰帶縫份修剪0.2公分。

33 將表裡腰帶正面相對，車縫裡腰帶完成線，剪牙口至完成線外0.2公分，縫份燙開。

34 在裡腰帶上車縫0.1公分。

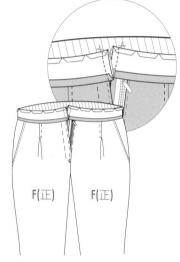

35 裡腰帶折燙約0.8公分。
POINT 即蓋住表腰帶完成線外0.2公分。

36 表腰帶與褲身正面相對對合，在CF、SS、CB處假縫固定後，車縫完成線外0.1公分。

37 將腰帶布反折，車縫I字形，修剪縫份後翻至正面。

38 在表腰帶正面落機車縫，固定背面縫份。

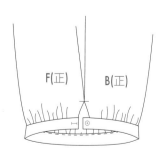

39 於束口布脇邊開叉縫釦子，開釦洞。

40 最後，腰帶縫鉤子即完成。

Part 5
上衣·打版與製作

column 上衣的基礎—婦女原型
01 V領背心
02 半開襟背心裙
03 有領台襯衫
04 泡泡袖洋裝

上衣的基礎—婦女原型

A 何謂原型

上衣打版時，必須有一個基本的底型做為平面打版製圖的基礎，這個底型稱為原型。

原型基本上就是把立體的人體表皮平面展開後，加上基本放鬆量而構成服裝的基本底型；換句話說，就是將複雜而立體的人體服裝平面且簡單化。只要掌握了應用原型的方法，無論何種類別的服裝—內衣、外套…，無論何種造型的服裝—從最緊身的到最寬鬆的，均可使用原型來進行打版與設計。

一個好的原型必須具備下列條件：製圖的方法簡單易記、合身度高、具備機能性。依照年齡性別之不同，服裝原型可分為婦女、男子、兒童等原型；而依據人體部位不同，原型又可分為上半身、手臂及下半身等部位之原型。不過由於下半身服裝，如褲子、裙子之製圖通常只需用到腰圍及臀圍尺寸就可進行，因此打版製圖時通常只使用上身與袖子原型。

B 原型的製圖

人體上半身的原型，是以胸圍與背長尺寸換算而來，胸圍是人體上半身重要的尺寸，因此以胸圍換算各部位的尺寸所得的結果與人體上半身的合身度較高，但由於各部份的尺寸不一定與胸圍尺寸成比例，所以原型的製圖上是以胸圍換算出來的尺寸加以增減變化，希望可以取得更精準的比例。

因婦女服裝的右衣身在上面，為方便繪製設計線，均以右半身為基礎。

本書採用文化式婦女原型為上衣基礎打版，以下為原型打版分解圖：

●婦女原型尺寸

基本尺寸（cm）
M size尺寸參考
B(胸圍) −82
BL(背長) −37
S（袖長）−54

前片　　　　後片

●完整製圖版型

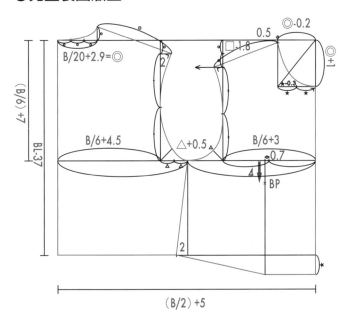

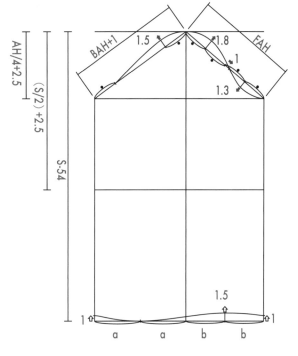

●版型製圖步驟（前後身片）

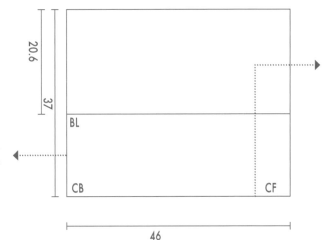

1 後中心取背長37公分，再由上往下取（B/6+7）=20.6公分，畫水平線為BL。

2 取寬度(B/2+5)=46。

POINT｜+5為半身衣服的寬鬆份，所以原型衣一整圈的胸圍寬鬆份是10公分。

POINT｜日後打版以此為依據，將尺寸增減即可打版出適合各款式的寬鬆度。

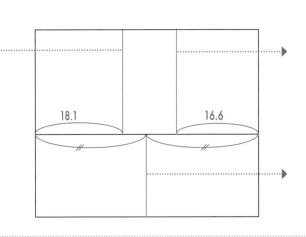

4 由後中心BL取背寬(B/6+4.5)=18.1公分，垂直BL往上畫出背寬線。

5 由前中心BL取胸寬(B/6+3)=16.6公分，垂直BL往上畫出胸寬線。

3 BL均分二等份，中心點畫至WL。

141

column

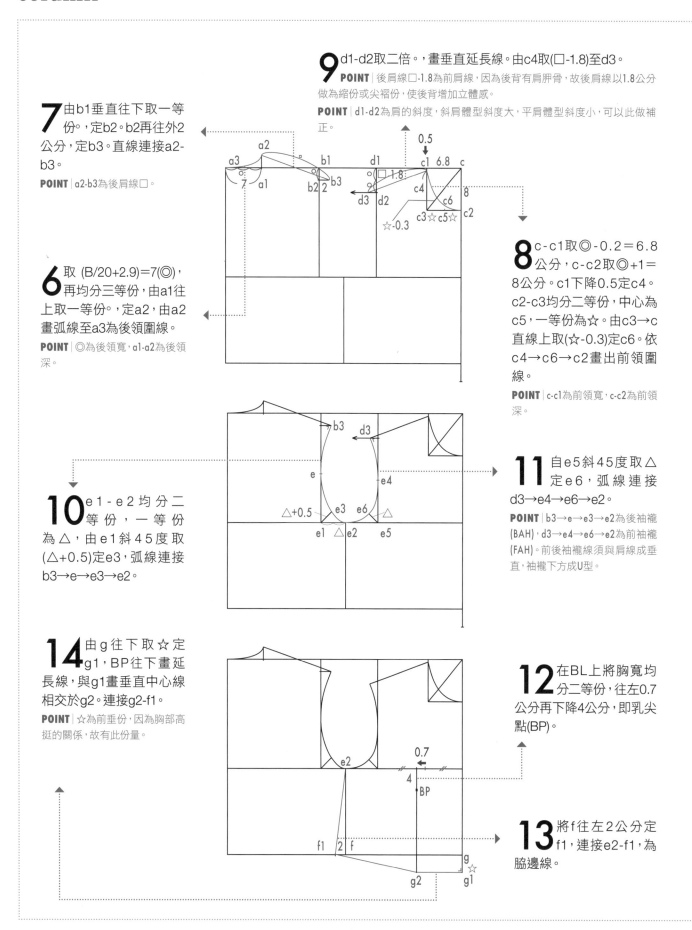

9 d1-d2取二倍。，畫垂直延長線。由c4取(□-1.8)至d3。

POINT | 後肩線□-1.8為前肩線，因為後背有肩胛骨，故後肩線以1.8公分做為縮份或尖褶份，使後背增加立體感。

POINT | d1-d2為肩的斜度，斜肩體型斜度大，平肩體型斜度小，可以此做補正。

7 由b1垂直往下取一等份。，定b2。b2再往外2公分，定b3。直線連接a2-b3。

POINT | a2-b3為後肩線□。

6 取 (B/20+2.9)=7(◎)，再均分三等份，由a1往上取一等份。，定a2，由a2畫弧線至a3為後領圍線。

POINT | ◎為後領寬，a1-a2為後領深。

8 c-c1取◎-0.2＝6.8公分，c-c2取◎+1＝8公分。c1下降0.5定c4。c2-c3均分二等份，中心為c5，一等份為☆。由c3→c直線上取(☆-0.3)定c6。依c4→c6→c2畫出前領圍線。

POINT | c-c1為前領寬，c-c2為前領深。

11 自e5斜45度取△定e6，弧線連接d3→e4→e6→e2。

POINT | b3→e→e3→e2為後袖襱(BAH)，d3→e4→e6→e2為前袖襱(FAH)。前後袖襱線須與肩線成垂直，袖襱下方成U型。

10 e1-e2均分二等份，一等份為△，由e1斜45度取(△+0.5)定e3，弧線連接b3→e→e3→e2。

12 在BL上將胸寬均分二等份，往左0.7公分再下降4公分，即乳尖點(BP)。

14 由g往下取☆定g1，BP往下畫延長線，與g1畫垂直中心線相交於g2。連接g2-f1。

POINT | ☆為前垂份，因為胸部高挺的關係，故有此份量。

13 將f往左2公分定f1，連接e2-f1，為脇邊線。

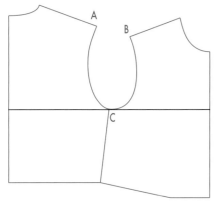

15 前後身片完成。

原型上衣完成後的袖襱尺寸
FAH(前袖襱)－19.5(B~C)
BAH(後袖襱)－20.5(A~C)
AH(總袖襱)－40(A~B)

●版型製圖步驟(袖片)

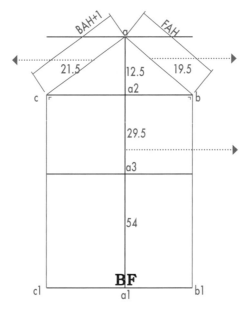

BAH+1   FAH
21.5   12.5   19.5
a2
29.5
a3
54
BF
c1   a1   b1

3 自a點往袖寬線取BAH+1＝21.5公分,定c點。垂直往下畫至袖口線,定c1。
POINT｜BAH+1,+1為後袖襱的縮份。
POINT｜袖山高與袖寬線的關係:袖山高越高,袖寬較窄,屬合身袖型。袖山高較低,袖寬較大,屬於寬鬆袖型。

2 自a點往袖寬線取FAH＝19.5公分,定b點。垂直往下畫至袖口線,定b1。

1 由a-a1取袖長(S)54公分;a-a2取袖山高(AH/4+2.5)＝12.5公分,畫袖寬線。a-a3取(S/2+2.5)＝29.5公分,畫手肘線(EL)。

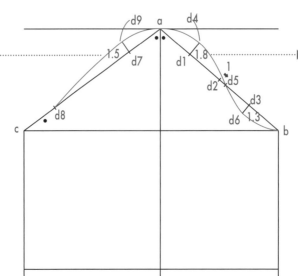

d9   a   d4
1.5   d7   d1   1.8
d5
1
d2
d3
d8   d6   1.3
c   b

5● 自a-d7取一等份●,c-d8取一等份●;d7垂直往外取1.5公分,定d9;弧線連接a→d9→d8,即為後袖襱。
POINT｜注意a點左右要水平,勿呈尖角。
POINT｜「●」即前袖襱／4。

4 將a-b均分四等份,定d1~d3;由d1垂直往外1.8公分,定d4;d2往下1公分,定d5;d3垂直往內1.3公分,定d6;弧線連接a→d4→d5→d6→b,即為前袖襱。

143

6 將a1-b1均分二等份,中心點為e1;將a1~c1均分二等份,中心點為e2;b1往上1公分定b2,c1往上1公分,定c2;由e1往上1.5公分定e3;弧線連接b2→e3→e2→c2,即為袖口線。

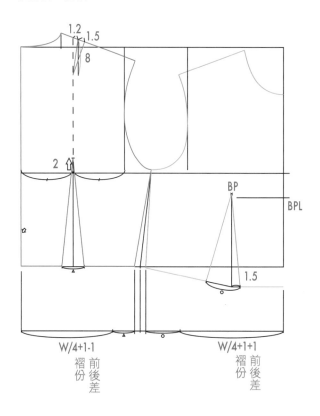

●對合記號

A~B=AH(袖襱)

A~C=BAH(後袖襱)

B~C=FAH(前袖襱)

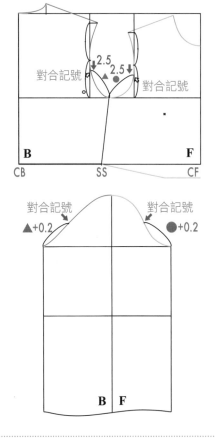

C 褶的份量與分割

繪製人體上身的原型時,已在胸圍尺寸上加入必要的寬份,但由於人體上身有胸部和肩胛骨的突出部分與腰部的凹陷部分,如果僅以平面的製圖將會產生多餘的份量,使原型無法符合人體的線條,因此必須將多餘的份量利用褶子的分割來轉移調整,使原型達到合身的目的。

下圖為原型上衣合身版,後片肩線有一肩褶、前後片腰部各一腰褶。

配合設計的褶子處理法

褶子的目的是要使打版合身,所以褶子必須依照設計的款式需求、使用的布料特性、布料圖案等條件,設置於效果良好的部位。以上身來說,褶子處理的重點通常是前衣身的胸褶部位,而在後衣身、袖子與裙子等也常需要做褶子的處理。

D 褶子轉移

1. 胸褶名稱與位置

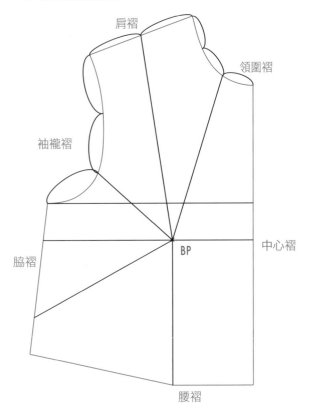

肩褶

領圍褶

袖襱褶

脇褶

BP

中心褶

腰褶

2. 褶子轉移的方法

褶子轉移的方法有二種：壓BP轉移法和折疊剪開法，一般單褶轉移適用壓BP轉移法，操作簡單；而多根褶轉移適用折疊剪開法，可以適當分配不同褶子的份量。但是基本上任何的褶子轉移皆可使用這二種方式操作，以下介紹幾種較簡單且常用到褶子配置圖。

(1)壓BP轉移法

a 袖襱褶

1 在原型版上做出袖襱褶記號a點。

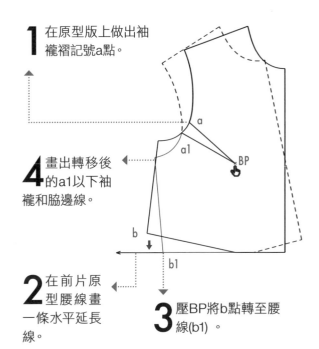

4 畫出轉移後的a1以下袖襱和脇邊線。

2 在前片原型腰線畫一條水平延長線。

3 壓BP將b點轉至腰線(b1)。

5 BP往上3~4公分畫褶子，即完成。

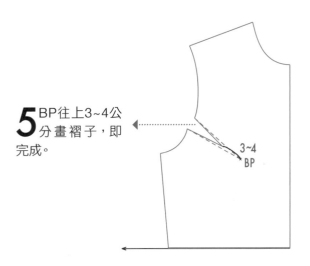

3~4
BP

column

b 肩褶

1 在原型版上做出肩褶記號a點。

2 在前片原型腰線畫一條水平延長線。

3 壓BP將b點轉至腰線(b1)。

4 畫出轉移後的a1左邊以下線條至脇邊線。

5 BP往上6~7公分畫褶子,即完成。

6~7
BP

c 領圍褶

1 在原型版上做出領褶記號a點。

2 在前片原型腰線畫一條水平延長線。

3 壓BP將b點轉至腰線(b1)。

4 畫出轉移後的a1左邊以上線條至脇邊線。

5 BP往上5~6公分畫褶子,即完成。

5~6
BP

d 脇邊褶

(2)折疊剪開法

a 中心褶

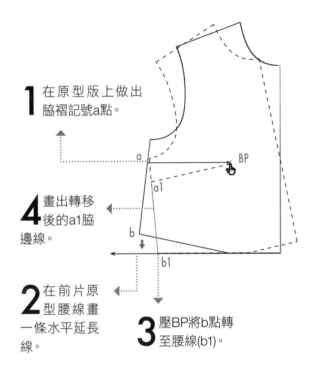

1 在原型版上做出脇褶記號a點。

4 畫出轉移後的a1脇邊線。

2 在前片原型腰線畫一條水平延長線。

3 壓BP將b點轉至腰線(b1)。

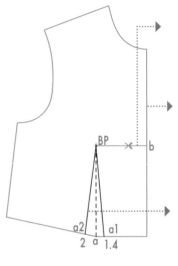

3 BP畫水平線至前中心b點,標畫剪開記號。

1 描一份前片

2 自BP畫直線至腰圍線a點,與前中心平行;a-a1取1.4,a-a2取2公分,畫褶子至BP。

POINT a1~a2為褶子寬度,褶子寬度影響腰圍的合身度。

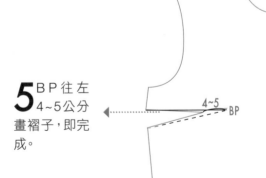

5 BP往左4~5公分畫褶子,即完成。

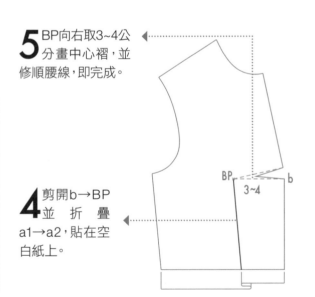

5 BP向右取3~4公分畫中心褶,並修順腰線,即完成。

4 剪開b→BP並折疊a1→a2,貼在空白紙上。

column

b 領圍二根褶

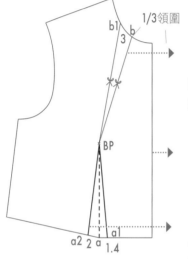

3 領圍線1/3定b點，b-b1取3公分，將b與b1連線至BP，標畫剪開記號。

1 描一份前片。

2 自BP畫直線至腰圍線a點，與前中心平行；a-a1取1.4，a-a2取2公分，畫褶子至BP。

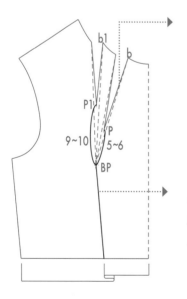

5 BP-p取5~6公分，BP-p1取9~10公分畫褶子，並修順腰線，即完成。

4 剪開b→BP、b1→BP並折疊a1→a2，貼在空白紙上。

c 肩線二根活褶

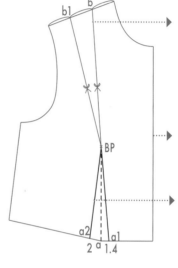

3 肩線均分三等份定b和b1點，將b與b1連線至BP，標畫剪開記號。

1 描一份前片

2 自BP畫直線至腰圍線a點，與前中心平行；a-a1取1.4，a-a2取2公分，畫褶子至BP。

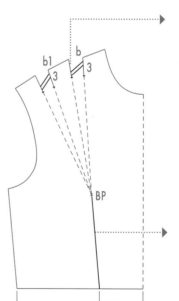

5 將打開活褶份量自肩線往下取3公分畫活褶倒向(倒向袖襱)，並修順腰線，即完成。

4 剪開b→BP、b1→BP並折疊a1→a2，貼在空白紙上。

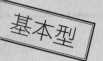

01
V領背心

1.確認款式

V領背心。

2.量身

備原型版、衣長。

3.打版

前片、後片、口袋、前後貼邊、袖襱滾邊布。

4.補正紙型

前後肩線對合（修正領圍和袖襱）、前後脇邊對合（修正袖襱和下襬）。

5.整布

使經緯紗垂直整燙布面。

6.排版

布面折雙後先排前後片，再排口袋、貼邊和滾邊布。

7.裁剪

前片一片、後片一片、前貼邊一片、後貼邊一片、袖襱滾邊布二片、口袋二片

8.做記號

於完成線上做記號或是做線釘（領圍線、肩線、袖襱線、脇邊線、下襬線、口袋）。

9.燙襯

前後貼邊布、口袋口。

10.拷克機縫

肩線、脇邊、口袋、貼邊。

●縫製步驟瀏覽

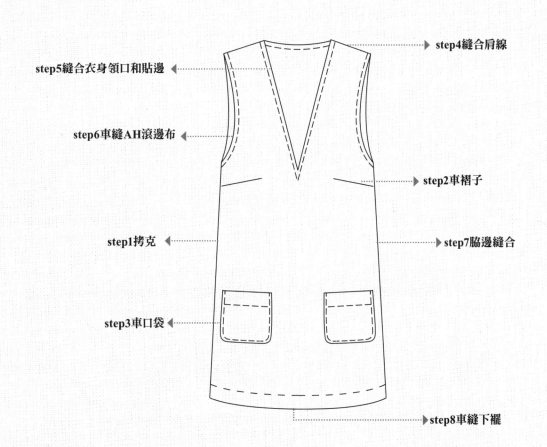

step4縫合肩線

step5縫合衣身領口和貼邊

step6車縫AH滾邊布

step2車褶子

step1拷克

step7脇邊縫合

step3車口袋

step8車縫下襬

150

版型製作 step by step

●V領背心款式尺寸

基本尺寸（cm）
M size尺寸參考
原型版
H（臀圍）－92
HL（腰長）－19
衣長－WL以下30

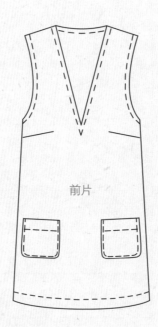

版型重點
1.無領無袖
2.前片V字領
3.前片左右有貼式口袋

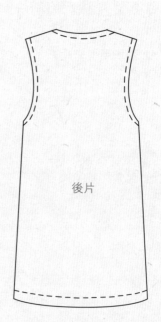

前片　　　　後片

●完整製圖版型

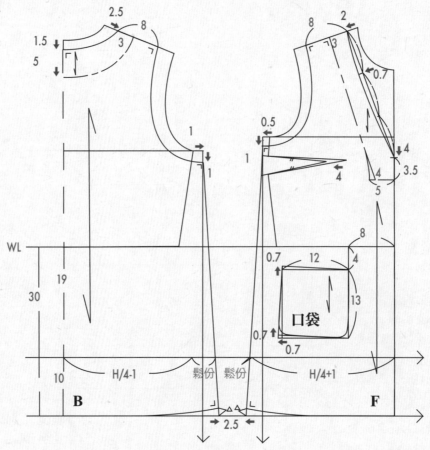

A 版型製作 step by step

●版型製圖步驟(前片)

1 描繪原型後片。

2 將褶子轉移至脇邊線（參考p147 ）。

3 在後中心WL下取衣長30公分，腰長19公分，畫水平線至前中心。

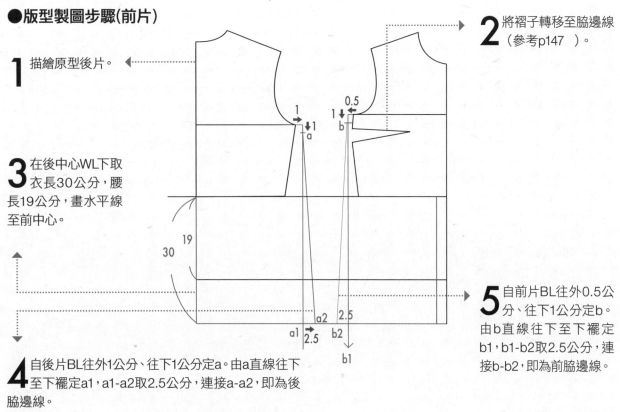

5 自前片BL往外0.5公分、往下1公分定b。由b直線往下至下襬定b1，b1-b2取2.5公分，連接b-b2，即為前脇邊線。

4 自後片BL往外1公分、往下1公分定a。由a直線往下至下襬定a1，a1-a2取2.5公分，連接a-a2，即為後脇邊線。

POINT｜BL脇邊往外的尺寸，會影響衣服的寬鬆度；a點往下的尺寸會影響袖襱的深度；a1-a2的尺寸大小會影響下襬的寬度。可依據設計而決定所有尺寸。

8 c-c1取1.5公分，c2-c3取2.5公分，連接c3-c1為後領圍線。

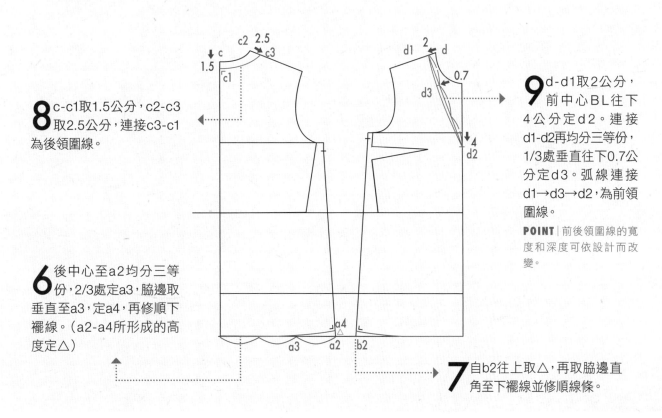

9 d-d1取2公分，前中心BL往下4公分定d2。連接d1-d2再均分三等份，1/3處垂直往下0.7公分定d3。弧線連接d1→d3→d2，為前領圍線。

POINT｜前後領圍線的寬度和深度可依設計而改變。

6 後中心至a2均分三等份，2/3處定a3，脇邊取垂直至a3，定a4，再修順下襬線。（a2-a4所形成的高度定△）

7 自b2往上取△，再取脇邊直角至下襬線並修順線條。

10 c3-e取肩寬8公分，弧線連接e-a，即為後袖襱(BAH)。

11 d1-f取肩寬8公分，弧線連接f-b，即為前袖襱(FAH)。

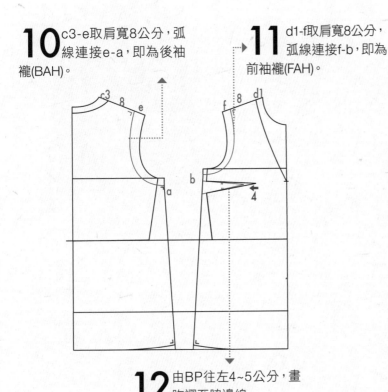

12 由BP往左4~5公分，畫胸褶至脇邊線。

POINT｜注意前脇邊線扣除褶子後的長度，要與後脇邊線一樣長。

16 完成。

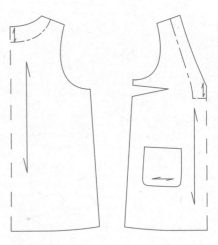

POINT｜口袋依設計或布花決定布紋方向，此件布料為條紋，所以設計為橫向，可與衣身條紋對比。

● **裁片縫份說明**

- ▨ 襯布份　　□ 實版
- ▢ 縫份版　　-- 褶雙線
- ↕ 直布紋線　✕ 斜布紋線

14 c1-c5取5公分，c3~c4取3公分，弧線連接c4-c5，即後領口貼邊線。

15 d1-d4取3公分，d2-d5取3.5公分，d5-d6取5公分，連接d4→d6，即前領口貼邊線。

POINT｜貼邊線要與肩線和前後中心線呈垂直。

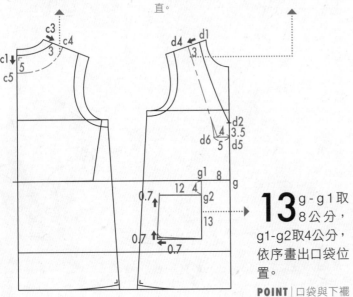

13 g-g1取8公分，g1-g2取4公分，依序畫出口袋位置。

POINT｜口袋與下襬線和脇邊線平行。

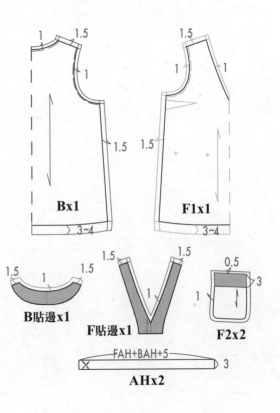

Bx1　F1x1

B貼邊x1　F貼邊x1　F2x2

FAH+BAH+5　AHx2

153

材料說明

單幅用布：(衣長+縫份)×2

雙幅用布：(衣長+縫份)

B貼邊

F貼邊

F(反)　　B(反)

1 依圖示部位拷克。

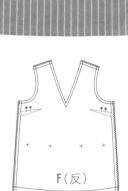

F(反)

2 車褶子,折燙褶子中心,珠針固定車縫。

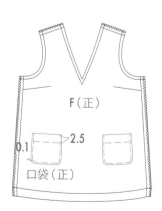

回針

15~20

F(反)

3 褶尖留線15~20公分。

F(反)

4 留線打結穿針目2~3針,縫份倒向下面。

口袋(反)　0.1

5 車口袋,口袋口縫份往內折0.5公分,再折燙完成線車縫0.1公分。

口袋(反)

6 下襬左右二端燙縮,縫份左右和下襬向內折燙完成線。

F(正)

0.1　2.5

口袋(正)

7 將口袋置於F片正面口袋位置,假縫後車縫0.1公分固定。

B(正)

F(反)

8 縫合肩線。F片和B片正面對正面,車縫肩線,縫份燙開。

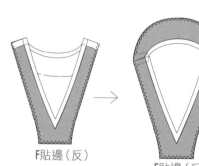

F貼邊(反)　　→　　F貼邊(反)

9 F貼邊和B貼邊做法和衣身肩線相同。

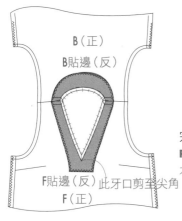

B（正）
B貼邊（反）
F貼邊（反）此牙口剪至尖角
F（正）

10 貼邊領口縫份修0.2公分，將貼邊置衣身領口上，車縫貼邊完成線。領口縫份剪牙口。
POINT | 約剪至完成線外0.2公分，彎曲度越大牙口距離越小。前中心V字剪至尖點。

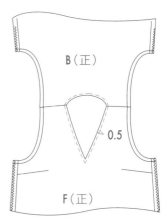

B（正）
0.5
F（正）

11 將貼邊布翻至反面，從領口正面壓縫裝飾線0.5公分。
POINT | 貼邊布往內整燙，從正面看不見貼邊布，並在肩線正面落機縫固定內部貼邊布。

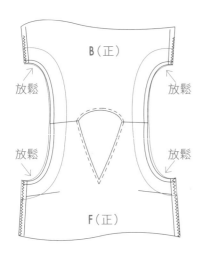

B（正）
放鬆　放鬆
放鬆　放鬆
F（正）

12 車縫AH滾邊布，先滾邊布折燙三等份，再正面置於衣身正面。
POINT | 袖下因彎曲度大，故滾邊布要放鬆車縫。

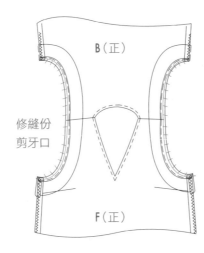

B（正）
修縫份剪牙口
F（正）

13 車縫衣身袖口完成線外0.2公分，修縫份剩0.5~0.7公分，剪牙口。

B（正）
F（反）

14 將F片和B片正面相對，滾邊布往上翻，對合記號後自滾邊布車縫至下襬，縫份燙開。

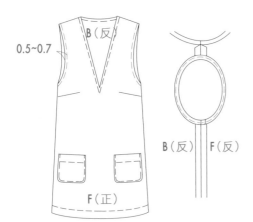

0.5~0.7
B（反）
B（反）　F（反）
F（正）

15 將滾邊布折入整燙，假縫固定滾邊布後，車縫0.5~0.7公分裝飾線。
POINT | 正面袖襱車縫裝飾線0.5~0.7公分，故反面滾邊布寬度約0.7~0.9公分，需比裝飾線寬0.2公分，才能固定縫份。

B（反）
F（正）

16 車縫下襬縫份二折三層車縫（先折燙0.5~0.7公分再折燙完成線），完成。

02
半開襟背心裙

1.確認款式

半開襟背心裙。

2.量身

備原型版、衣長。

3.打版

前片、後片、前後貼邊、袖襱滾邊布。

4.補正紙型

前後肩線對合（修正領圍和袖襱）、前後脇邊對合（修正袖襱和下襬）。

5.整布

使經緯紗垂直整燙布面。

6.排版

布面折雙後先排前後片上衣，再排前後片裙子、前後貼邊和滾邊布。

7.裁剪

前片上衣二片、後片上衣一片、前片裙子一片、後片裙子一片、前貼邊二片、後貼邊一片、袖襱滾邊布二片。

8.做記號

於完成線上做記號或是做線釘（領圍線、肩線、袖襱線、脇邊線、下襬線、口袋）。

9.燙襯

前後貼邊布、前門襟布。

10.拷克機縫

上衣肩線、脇邊，裙子脇邊、貼邊。

●縫製步驟瀏覽

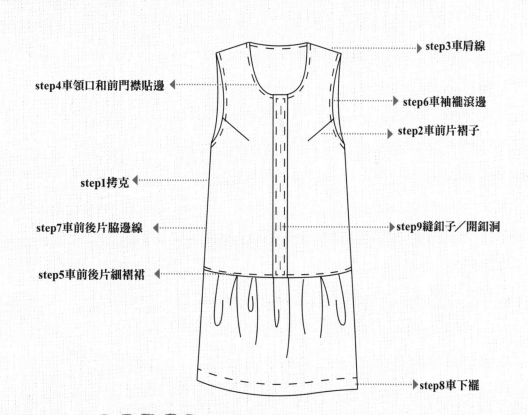

step3車肩線

step4車領口和前門襟貼邊

step6車袖襱滾邊

step2車前片褶子

step1拷克

step7車前後片脇邊線

step9縫釦子／開釦洞

step5車前後片細褶裙

step8車下襬

A 版型製作 step by step

●半開襟背心裙款式尺寸

基本尺寸（cm）
M size尺寸參考
原型版
H（臀圍）－92
衣長－WL以下40

版型重點

1. 無領無袖
2. 前片半開襟開口
3. 前後片低腰接細褶裙

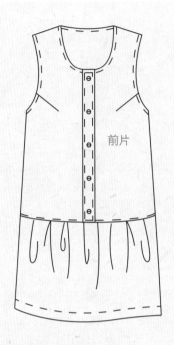

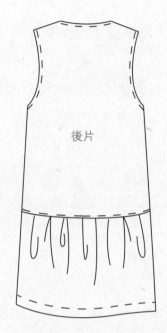

前片　　後片

●完整製圖版型

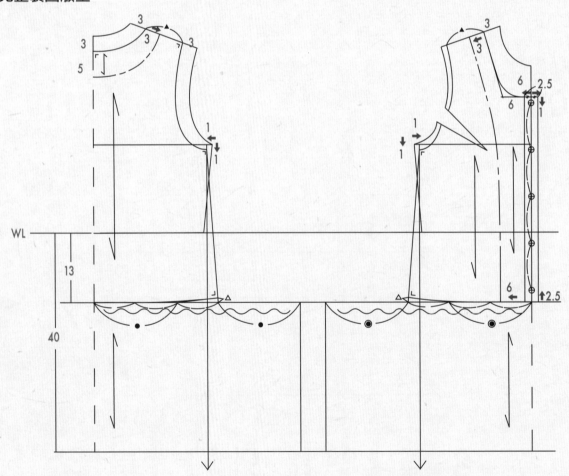

A 版型製作 step by step

●版型製圖步驟

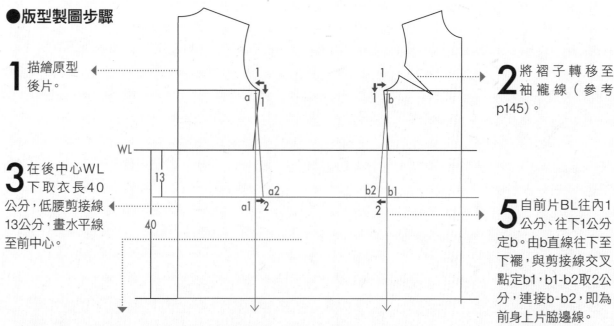

1 描繪原型後片。

2 將褶子轉移至袖襱線（參考p145）。

3 在後中心WL下取衣長40公分，低腰剪接線13公分，畫水平線至前中心。

5 自前片BL往內1公分、往下1公分定b。由b直線往下至下襱，與剪接線交叉點定b1，b1-b2取2公分，連接b-b2，即為前身上片脇邊線。

4 自後片BL往內1公分、往下1公分定a。由a直線往下至下襱，與剪接線交叉點定a1，a1-a2取2公分，連接a-a2，即為後身上片脇邊線。

POINT | BL脇邊往內的尺寸，會影響衣服的合身度；a點往下的尺寸會影響袖襱的深度。可依據設計而決定所有尺寸。

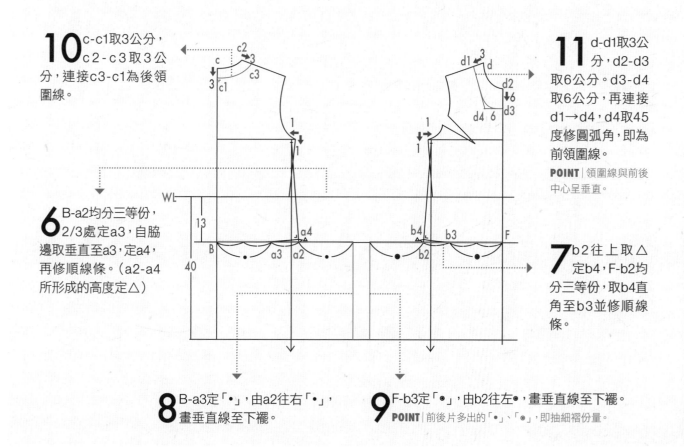

10 c-c1取3公分，c2-c3取3公分，連接c3-c1為後領圍線。

11 d-d1取3公分，d2-d3取6公分。d3-d4取6公分，再連接d1→d4，d4取45度修圓弧角，即為前領圍線。

POINT | 領圍線與前後中心呈垂直。

6 B-a2均分三等份，2/3處定a3，自脇邊取垂直至a3，定a4，再修順線條。（a2-a4所形成的高度定△）

7 b2往上取△定b4，F-b2均分三等份，取b4直角至b3並修順線條。

8 B-a3定「•」，由a2往右「•」，畫垂直線至下襱。

9 F-b3定「•」，由b2往左•，畫垂直線至下襱。

POINT | 前後片多出的「•」、「•」，即抽細褶份量。

13 d1-f取肩寬▲，折疊袖襱褶後弧線連接f-b，即為前袖襱(FAH)。

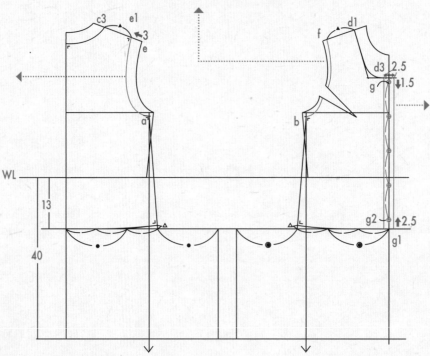

12 e-e1取3公分，弧線連接e1-a，即為後袖襱(BAH)。（c3-e1後肩寬定▲）

POINT | 前後袖襱線要與肩線和脇邊成直角。

14 由中心d3取2.5公分門襟寬，直線畫至半開襟剪接線。d3往下1.5公分為第一顆釦子定g，g1往上2.5公分為第五顆釦子定g2。將g-g2均分四等份，中間三顆釦子。全部共五顆釦子。

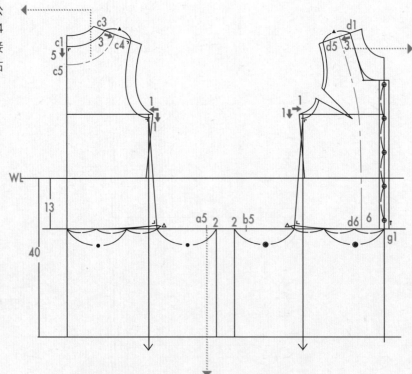

15 c1-c5取5公分，c3-c4取3公分，弧線連接c4-c5，即後領口貼邊線。

16 d1-d5取3公分，g1-d6取6~8公分，連接d5→d6，即前領口貼邊線。

POINT | 貼邊線要與肩線和後中心線呈垂直。

17 往內取2公分，a5和b5為裙子抽皺止點。

POINT | 脇邊線內2公分，因脇邊有縫份厚度，避免抽皺。

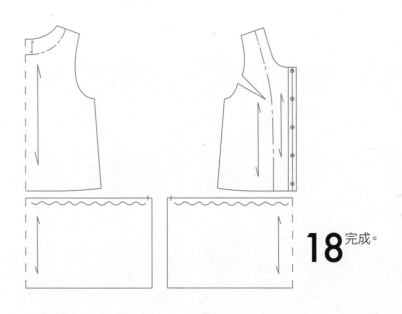

18完成。

●裁片縫份説明

■ 襯布份　□ 實版
□ 縫份版　-- 褶雙線
↓ 直布紋線　✕ 斜布紋線

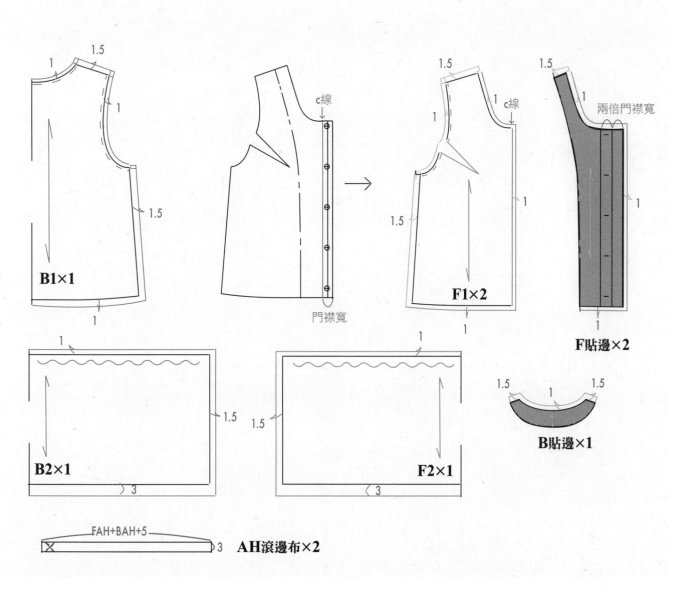

B1×1

c線

門襟寬

F1×2

兩倍門襟寬

F貼邊×2

B2×1

F2×1

B貼邊×1

FAH+BAH+5

AH滾邊布×2

材料說明

單幅用布：（衣長+縫份）×2	
雙幅用布：（衣長+縫份）	
布襯約一碼	
釦子5顆	

B貼邊（反）

F1（反）　F1（反）　　B1（反）　　前貼邊（反）

F2（反）

B2（反）

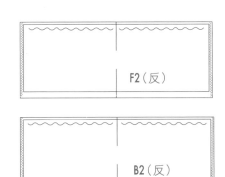

1 依圖示拷克、貼邊。

回針　　回針　15~20

F1（反）　F1（反）

2 先以絲針固定褶子，車縫後褶尖線15~20公分。

F1（反）

3 褶尖留線打結穿針目2-3針，縫份倒向下面。

B1（反）

F1（反）

4 F片和B片正面相對，車縫肩線、縫份燙開。

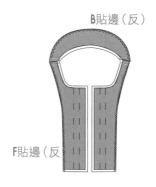

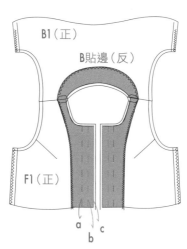

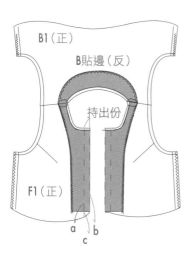

5 F貼邊和B貼邊正面相對,車縫肩線、縫份燙開。

6 貼邊縫份修0.2公分後,車縫前中心與貼邊完成線,縫份修小。

7 以b線為中心,a線和c線重疊,將持出折燙出重疊份。

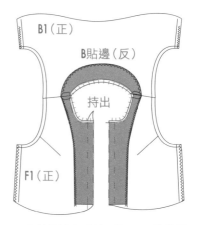

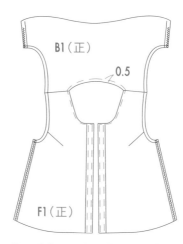

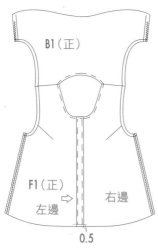

8 車縫貼邊完成線,剪牙口,修縫份。

9 將貼邊布翻至衣身背面,壓縫門襟與領口裝飾線0.5公分。

10 左蓋右車縫0.5公分固定。

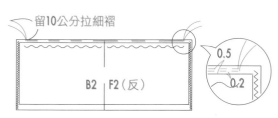

11 F2和B2在上方,完成線外0.2和0.5公分車縫兩道粗針,留10公分拉細褶。

12 拉皺抽細褶與前後片上衣下襬等寬。
POINT｜細褶位置確認後,用熨斗壓燙縫份,使之安定。

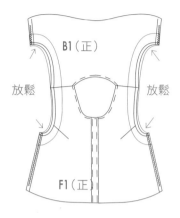

13 F1與F2、B1與B2正面對正面，車縫完成線，再拷克。

14 縫份倒向上衣，從正面壓縫0.1公分。

15 將滾邊布折燙三等份，正面置於衣身正面，近袖下因彎曲度大，故滾邊布放鬆。

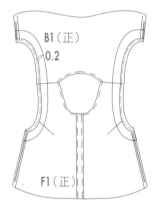

16 車縫衣身袖口完成線外0.1公分，固定滾邊布與縫份。

17 修縫份剩0.5~0.7公分、剪牙口，滾邊布立起，衣身正面相對，對合脇邊完成線車縫。

POINT｜注意要對合前後片低腰剪接線。

18 將滾邊布折入整燙包邊，假縫固定滾邊布後，正面壓縫0.5公分裝飾線。

POINT｜注意反面滾邊布寬比裝飾線（0.5公分）大約0.2公分才能固定縫份。

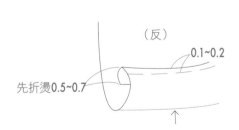

19 下襬縫份二折三層車縫。

20 開釦銅／縫釦子。

21 完成。

03
有領台襯衫

1.確認款式

有領台襯衫。

2.量身

備原型版、衣長、袖長。

3.打版

前片、後片、領子、袖子、袖口布、袖開叉布。

4.補正紙型

前後肩線對合（修正領圍和袖襱）、前後脇邊對合（修正袖襱和下襬）、袖子袖下線。

5.整布

使經緯紗垂直整燙布面。

6.排版

布面折雙後先排前後片，再排袖子、檔布、領子、口袋和袖開叉布。

7.裁剪

前片二片、後片一片、後片檔布二片、領台二片、領片二片、袖子二片、袖口布二片、袖開叉A二片、袖開叉B二片。

8.做記號

於完成線上做記號或是做線釘（領圍線、肩線、袖襱線、脇邊線、下襬線、口袋、領子、袖子）。

9.燙襯

領台、領片、袖口布、門襟貼邊布、袖開叉A布。

10.拷克機縫

上衣脇邊、袖下線。

●縫製步驟瀏覽

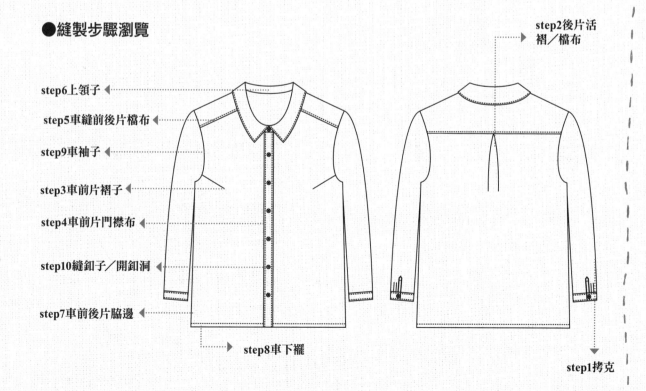

step2後片活褶／檔布

step6上領子

step5車縫前後片檔布

step9車袖子

step3車前片褶子

step4車前片門襟布

step10縫釦子／開釦洞

step7車前後片脇邊

step8車下襬

step1拷克

版型製作 step by step

● 有領台襯衫款式尺寸

基本尺寸(cm)
M size尺寸參考
衣長－WL下30公分
EL(肘長)－S/2+2.5
袖山高－13
S(袖長)－54

版型重點
1.前片全開襟
2.後片肩檔剪接+箱摺
3.領台式襯衫領(尖領)
4.長袖+標準式袖開叉

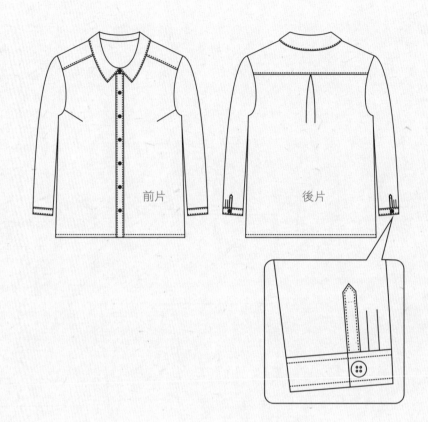

前片　　　　　後片

●完整製圖版型

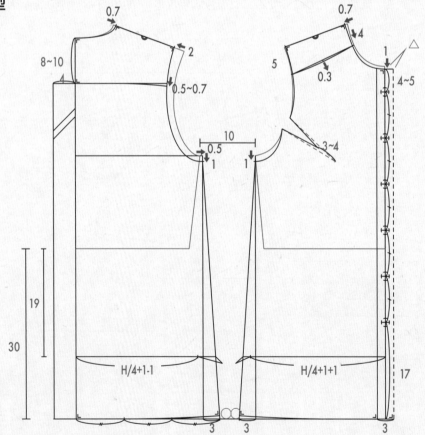

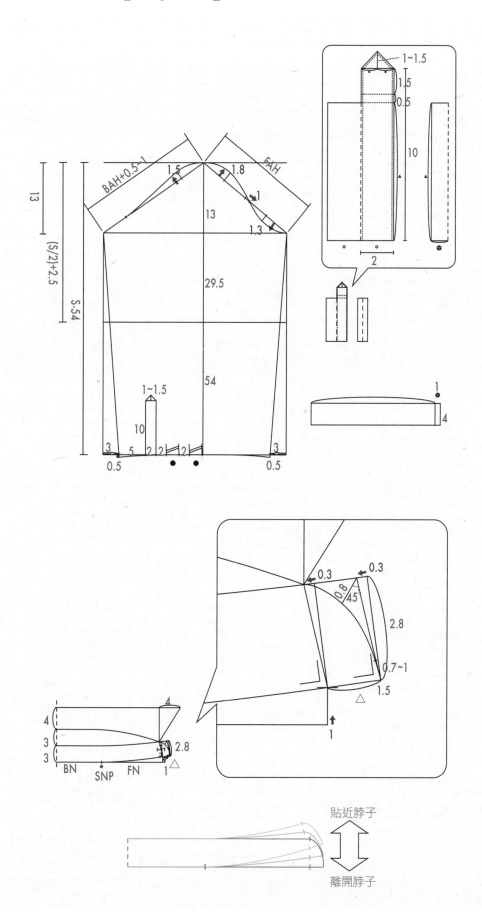

●版型製圖步驟（前後身片）

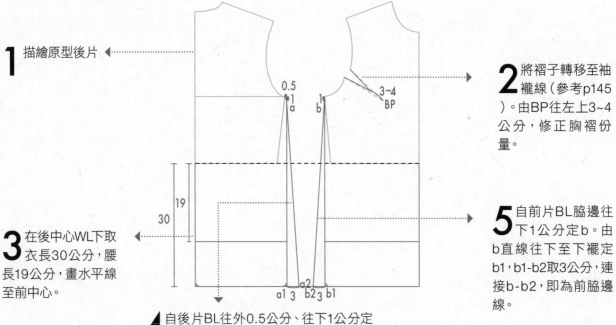

1 描繪原型後片

2 將褶子轉移至袖襱線（參考p145）。由BP往左上3~4公分，修正胸褶份量。

3 在後中心WL下取衣長30公分，腰長19公分，畫水平線至前中心。

5 自前片BL脇邊往下1公分定b。由b直線往下至下襱定b1，b1-b2取3公分，連接b-b2，即為前脇邊線。

4 自後片BL往外0.5公分、往下1公分定a。由a直線往下至下襱定a1，a1-a2取3公分，連接a-a2，即為後脇邊線。

POINT a1-a2的尺寸大小會影響下襱的寬度。

9 d-d2取0.7公分，前中心d1-d3取1公分。弧線連接d2→d3，為前領圍線。

POINT 領圍線與前後中心呈垂直。

8 c1-c2取0.7公分，連接c2-c為後領圍線。

10 e-e1取2公分，弧線連接e1→a，即為後袖襱(BAH)。

11 c2-e1為後肩寬☆，自d2-f取☆，折合袖襱褶後弧線連接f→b，即為前袖襱(FAH)。

POINT 袖襱線要與肩線和脇邊呈垂直。

6 後中心~a2均分三等份，2/3處定a3，自脇邊取垂直至a3，定a4，再修順下襱線。

7 後片a2-a4長度定〇，前片b2-b3取〇，再由b3取直角至下襱線並修順下襱線。

12 c1-g取8~10公分，垂直後中心畫水平線至袖襱定g1。g1-g2取0.5~0.7公分，由g2弧線至檔布剪接線。

POINT 因後背肩胛骨突出，故g1-g2取0.5~0.7公分，使背部產生立體感。

14 d2-h取4公分，f-h1取5公分，直線連接h→h1再均分二等份，往下0.3公分定h2，弧線連接h→h2→h1。

POINT h→h1直線為前檔布完成線，h→h2→h1弧線為前片衣身的完成線。

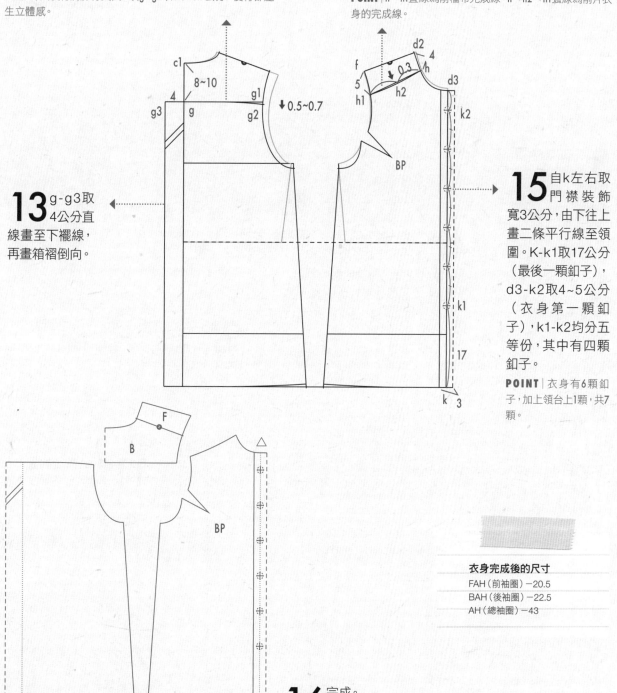

13 g-g3取4公分直線畫至下襱線，再畫箱褶倒向。

15 自k左右取門襟裝飾寬3公分，由下往上畫二條平行線至領圍。K-k1取17公分（最後一顆釦子），d3-k2取4~5公分（衣身第一顆釦子），k1-k2均分五等份，其中有四顆釦子。

POINT 衣身有6顆釦子，加上領台上1顆，共7顆。

16 完成。

衣身完成後的尺寸
FAH（前袖圈）－20.5
BAH（後袖圈）－22.5
AH（總袖圈）－43

●版型製圖步驟（袖片）

3 自a點往袖寬線
取BAH+0.5~1
=23公分，定　　c
點。垂直往下畫至袖
口線，定c1。

POINT | BAH+1，+1為後袖
襱的縮份。

POINT | 袖山高越高，袖
寬較窄，屬合身袖型。反
之，則屬於寬鬆袖型。

1 由a-a1取袖長
54公分。a-a2
取袖山高13公分，
畫袖寬線。a-a3取
(S /2+2.5)=29.5公
分，畫手肘線(EL)。

2 自a點往袖寬線取FAH=
20.5公分，定b點。垂直往
下畫至袖口線，定b1。

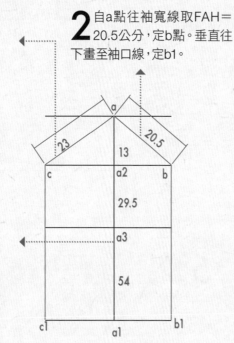

5 自a-d7取一等份
○，c-d8取一等份
○。d7垂直往外取1.5
公分，定d9。弧線連接
a→d9→d8。即為後袖
襱。

4 將a-b均分四等份，定d1~d3。
由d1垂直往外1.8公分，定
d4。d2往線下1公分，定d5。d3垂
直往內1.3公分，定d6。弧線連接
a→d4→d5→d6→b。即為前袖襱。

6 自c1-c2取3公分，
b1-b2取3公分，直
線連接c→c2，b→b2，
再垂直脇邊線畫袖口
線。

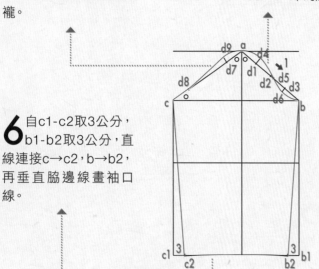

8 自r1往右2公分取一根褶寬‥，再往
右2公分，取第二根褶寬‧。

POINT | 褶子褶寬份＝袖子袖寬(◎)－袖口布寬
(○)/褶子數目(2)＝(‧)

7 自c2-r取
5公分，依
據r-r4畫出袖
開叉位置。

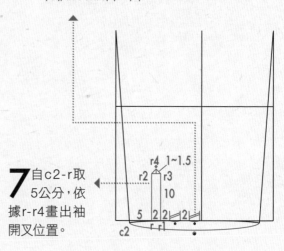

9 袖口布長取22~24
公分（手腕圍+鬆份
2~4），再加重疊份1公
分，袖口布寬為4公分。

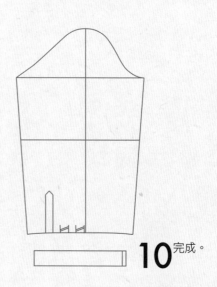

10 完成。

173

A 版型製作 step by step

● 版型製圖步驟（領子）

1 自n-n1取8.5公分，n1-n2取12.5公分。n2往上1公分定n3，弧線連接n3→n1，順弧線往外△定n4。

POINT △＝(前片門襟寬/2)，n2~n3高度越高，領型越服貼頸部。

2 自n4-n5、n3-n6取2.8公分，n-n7取3公分，連接n5-n7。

POINT n4-n5為前領高，n-n7為後領高，n5-n7線段要與後中心和前中心呈垂直。

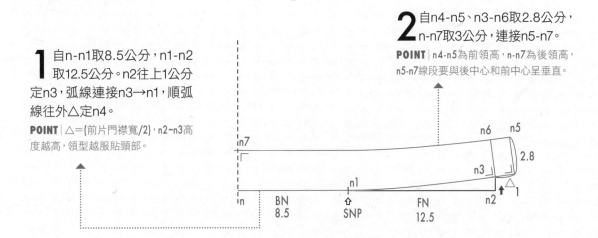

5 自p-p1取4公分，垂直後中心畫水平線與n9往上之延長線交叉點為p2，p2-p3取4公分，連接p3和n9。

POINT p-p1為後領片寬，n-n7為後領高，後領片寬大於後領高1公分以上，以蓋住領圍線。

4 n7-p取3公分，弧線連接p→n9。（垂直後中心線）

POINT p-n9和n7-n9二線段尺寸要等長。

3 前領中心n5和n6往左取0.3公分，定n8和n9，n4-n10取0.7~1公分，弧線連接n9→n10

6 完成。

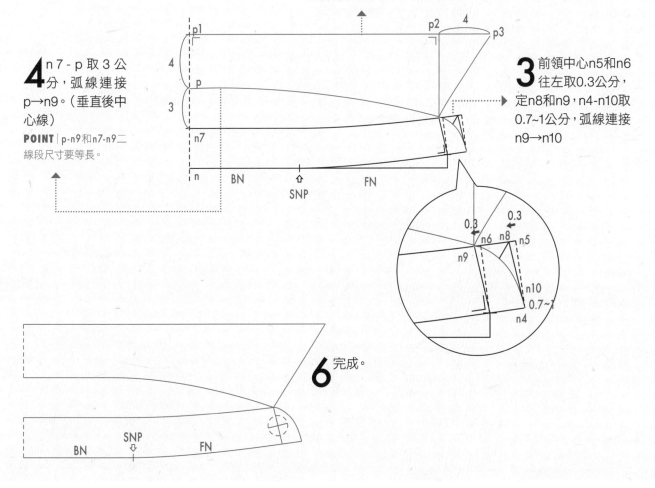

174

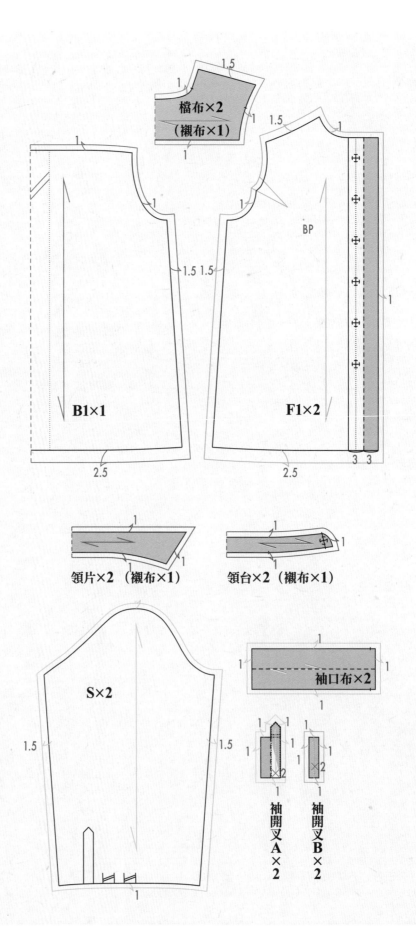

●裁片縫份説明

　　襯布份　　　實版
　　縫份版　　-- 褶雙線
　　直布紋線　　斜布紋線

檔布×2
（襯布×1）

B1×1

F1×2

BP

1.5

1

1

1.5

1

1

1.5

1.5

1.5

1

1

1

2.5

2.5

3　3

領片×2（襯布×1）

領台×2（襯布×1）

1

1

S×2

袖口布×2

1.5

1.5

1

1

1

1

1

1

1

袖開叉A×2

袖開叉B×2

1

1

1

1

B 縫製How to make

材料說明

單幅用布：（衣長+縫份）×2
　　　　　+（袖長+縫份）

雙幅用布：（衣長+縫份）+（袖
　　　　　長+縫份）

布襯約一碼
釦子7顆

表YOKE（反）
裡YOKE（反）
表領片
裡領片
表領台
裡領台

袖子1（反）　袖子2（反）

袖口1（反）　袖口2（反）

F（反）　F（反）

B（反）

1 依圖示拷克。

B（反）

2 車縫後片箱褶。

B（正）

3 完成線外0.2公分車縫固定。

上　　　　表yoke(反向上)
　　　　　B片(正向上)
下　　　　裡yoke(反向下)

表YOKE（反）　　裡YOKE（正）

B（正）

4 車縫B片和表裡YOKE；車縫三片完成線。

0.1

表YOKE（正）　　裡YOKE（反）

B（正）

5 表裡YOKE向上燙，車縫裝飾線0.1公分。

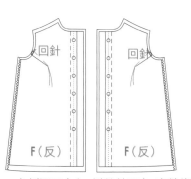

回針　　回針

F（反）　F（反）

6 折褶子中心，以絲針固定，車縫後留線15~20公分。

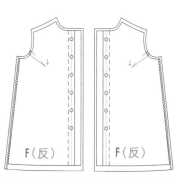

F（反）　F（反）

7 留線打結穿針目，縫份倒向下面。

0.8~0.9cm

CF

F（反）

門襟折雙線

8 前片門襟折燙縫份0.8~0.9公分。

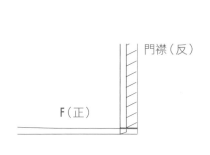

門襟（反）

F（正）

9 將門襟中心線反折，車縫下襬完成線，並修縫份再翻至正面。

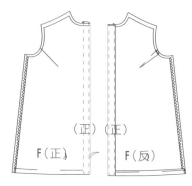

（正）（正）

F（正） F（反）

10 假縫固定門襟與下襬縫份，門襟正面再壓縫裝飾線0.1公分。

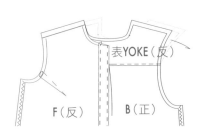

表YOKE（反）

F（反） B（正）

11 F片與B片表YOKE，正面對正面車縫完成線。

POINT 裡YOKE不車縫。

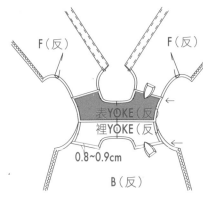

F（反） F（反）

表YOKE（反）

裡YOKE（反）

0.8~0.9cm

B（反）

12 修縫份，倒向YOKE整燙、裡YOKE縫份折燙0.8~0.9公分。

POINT 另一種車法是將表裡檔布（YOKE）夾住前片一起車縫。

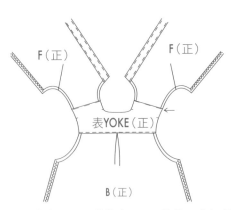

F（正） F（正）

表YOKE（正）

B（正）

13 裡YOKE蓋住表YOKE縫份，先假縫固定，再從表YOKE正面壓縫裝飾線0.1公分。

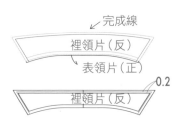

完成線

裡領片（反）

表領片（正）

裡領片（反）

0.2

14 裡領片縫份修0.2公分，表、裡領片正面相對，車縫裡領片完成線。

0.1

裡領片（正）

15 裡領片推入0.1公分整燙。

0.1

表領片（正）

16 自表領片車縫裝飾線0.1公分。

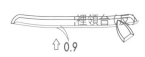

裡領台（反）

⇧0.9

17 裡領台縫份往上折燙0.9公分。

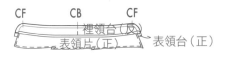

CF CB CF

裡領台（反）

表領片（正） 表領台（正）

18 將表、裡領台置於領片上下（表領片上置裡領台，裡領片下置表領台），對合CF、CB，車縫完成線。

POINT 表裡領台反面朝外。

表領片（正）

裡領台（正）

19 將領片翻出來，整燙領片和領台。

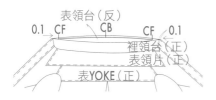
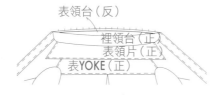
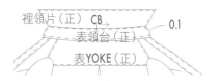

20 表領台與衣身正面相對,對合衣身領圍CF、CB,車縫完成線。

POINT | 領台對合時比門襟完成線入0.1公分,為領台立起時布料的厚度。

21 剪牙口至完成線外0.2公分,縫份修小。

22 假縫固定表、裡領台,接著自表領台後中心開始,車縫0.1公分裝飾線。

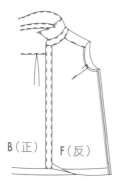

23 F片與B片正面相對,車縫左右脇邊完成線至下襬縫份,並將縫份燙開。

24 下襬縫份二折三層,假縫固定縫份。正面壓縫2.5公分寬裝飾線。

25 袖山縫份完成線外0.2、0.5公分車縫兩道粗針。

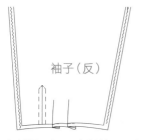

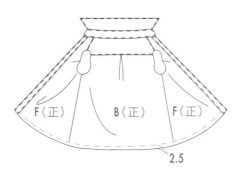
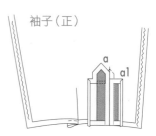

26 折燙活褶,車縫袖子活褶,於完成線外0.2公分車縫固定縫份。

27 袖開叉製作。

28 整燙縫份。

29 將A布與B布和袖子正面相對,車縫至a、a1點(同等高度)。

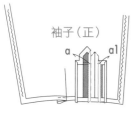
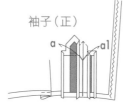

30 將A布和B布縫份燙開。

31 a、a1寬度中心下1~1.5公分剪Y型。

32 將B布往後翻至袖子反面。

33 B布車縫0.1公分固定縫份,三角布往上燙。

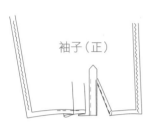

34 A布左右車縫0.1公分至a1點固定縫份。

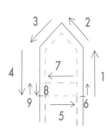

35 將A布置B布上，正面壓縫裝飾線。

36 車縫袖下脇邊線後，套入燙馬上縫份燙開。

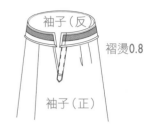

褶燙0.8

37 袖口布縫份折燙0.8cm，再折燙中心線。與袖子正面相對，對合袖開口，車縫完成線外0.1公分。

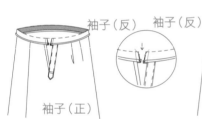

38 將袖口布反折，車縫袖口布左右兩側I型，並將縫份修小，翻至正面。

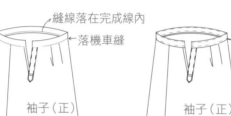

縫線落在完成線內
落機車縫

0.5

39 先假縫固定縫份，再落機縫固定。

40 最後正面壓縫0.5公分裝飾線。

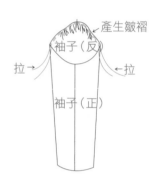

產生皺褶
拉→　←拉

41 袖子部分，拉兩條底線，使袖山產生蓬型立體感，並置燙馬圓弧上，整燙縫份成蓬型。

POINT | 完成尺寸與衣身AH尺寸相同。

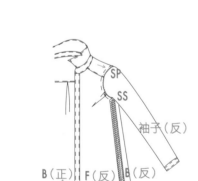

42 袖子與衣身正面相對，對合SP、SS記號，車縫完成線；接著，再將兩層縫份一起拷克，縫份倒向袖子。

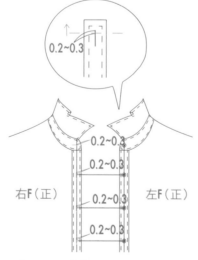

0.2~0.3

0.2~0.3
0.2~0.3
右F（正）　左F（正）
0.2~0.3
0.2~0.3

43 開釦眼、縫釦子。
POINT | 領台釦孔橫開，其他直開。
POINT | 釦孔長為釦子直徑+厚度，釦孔寬約0.3~0.4公分。

44 完成。

04
泡泡袖洋裝

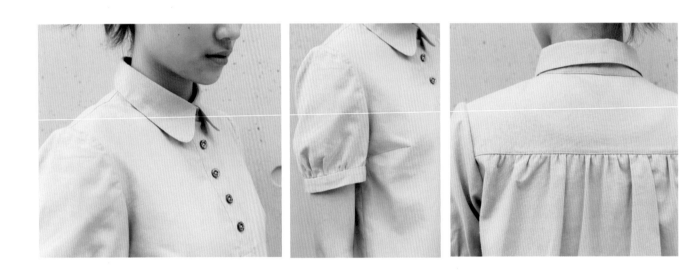

1.確認款式
泡泡袖洋裝。

2.量身
備原型版、衣長、袖長。

3.打版
前片、後片、領子、袖子、袖口布、前半開襟布。

4.補正紙型
前後肩線對合（修正領圍和袖襱）、前後脇邊對合（修正袖襱和下襬）、袖子袖下線。

5.整布
使經緯紗垂直整燙布面。

6.排版
布面折雙後先排前後片，再排袖子、檔布、領子、前開襟布和袖口布。

7.裁剪
前片二片、後片一片、後片檔布二片、領台二片、領片二片、袖子二片、袖口布二片、前半開襟布左右各一片。

8.做記號
於完成線上做記號或是做線釘（領圍線、肩線、袖襱線、脇邊線、下襬線、領子、袖子）。

9.燙襯
表領台、表領片、袖口布、前門襟布。

10.拷克機縫
上衣脇邊、袖下線。

● 縫製步驟瀏覽

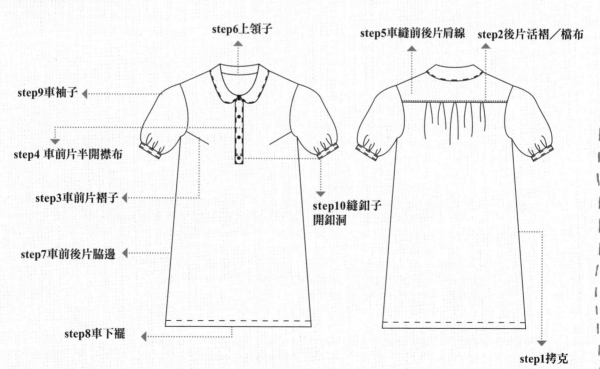

step6上領子

step5車縫前後片肩線　step2後片活褶／檔布

step9車袖子

step4 車前片半開襟布

step3車前片褶子

step7車前後片脇邊

step10縫釦子開釦洞

step8車下襬

step1拷克

182

版型製作 step by step

●泡泡袖洋裝款式尺寸

基本尺寸（cm）
M size尺寸參考
衣長－WL以下45公分
（即襯衫版長加15公分）

版型重點
1.前片半開襟
2.後片肩檔剪接＋細褶
3.領台式襯衫領（圓領）
4.泡泡袖

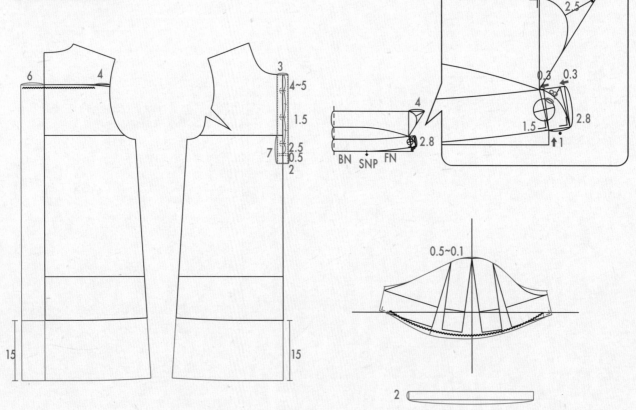

前片　　　　後片

●完整製圖版型

A 版型製作 step by step

●版型製圖步驟（前後身片）

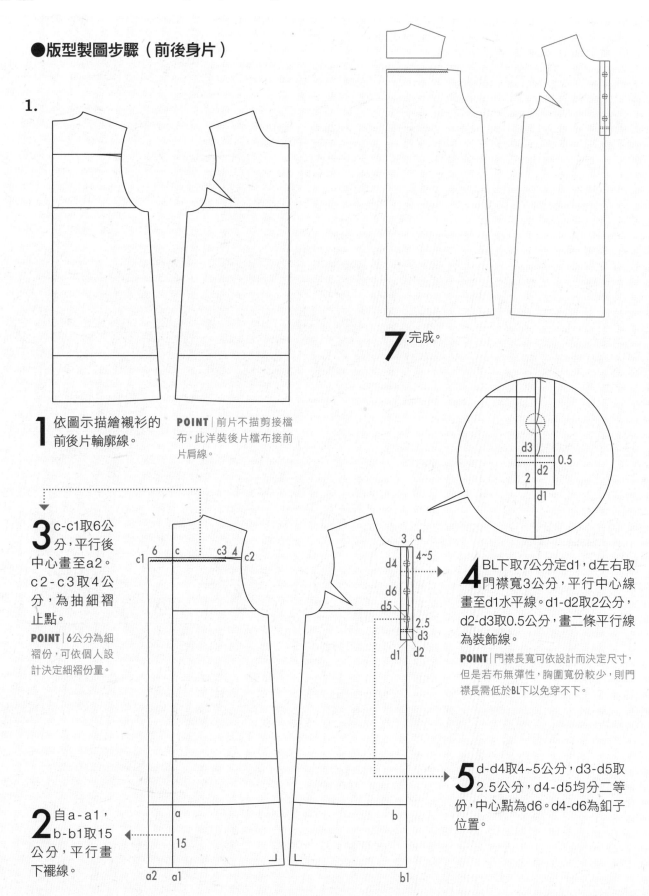

1.

1 依圖示描繪襯衫的前後片輪廓線。

POINT | 前片不描剪接檔布，此洋裝後片檔布接前片肩線。

3 c-c1取6公分，平行後中心畫至a2。c2-c3取4公分，為抽細褶止點。

POINT | 6公分為細褶份，可依個人設計決定細褶份量。

2 自a-a1，b-b1取15公分，平行畫下襬線。

7. 完成。

4 BL下取7公分定d1，d左右取門襟寬3公分，平行中心線畫至d1水平線。d1-d2取2公分，d2-d3取0.5公分，畫二條平行線為裝飾線。

POINT | 門襟長寬可依設計而決定尺寸，但是若布無彈性，胸圍寬份較少，則門襟長需低於BL下以免穿不下。

5 d-d4取4~5公分，d3-d5取2.5公分，d4-d5均分二等份，中心點為d6。d4-d6為釦子位置。

184

●版型製圖步驟（袖片）

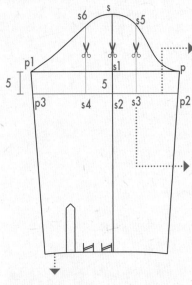

1 描繪一份襯衫袖（亦可直接描至袖寬線下5公分）。

2 s1-s2取5公分，畫水平線。

POINT | s1-s2決定袖長。

3 自s2左右取5公分至s3和s4，再往上平行袖中心線畫至袖襱s5、s6。

POINT | 三條平行線上標記剪開線及展開尺寸（s2展開5公分，s3和s4展開2.5公分）。

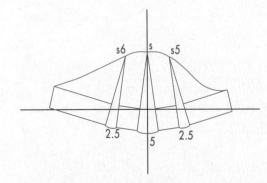

4 在白紙上畫十字線，將袖子三條平行線剪開（s、s5、s6點不剪開），再依據s2-s4上尺寸展開細褶份量，s點對齊十字中心線貼上。

POINT | 展開尺寸愈大，袖口細褶份愈多。

6 p1-p5、p-p4取1公分，s提高約0.5~1公分，修順袖襱線至p4和p5。

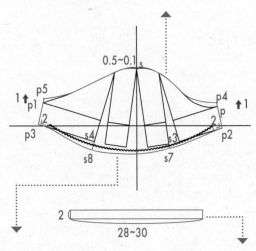

5 自s3-s7取1公分，s4-s8取2公分，弧線連接p3→s8→s7→p2，即為袖口線。P2和p3往內2公分是袖口細褶止點。

POINT | 袖口線須與袖下線呈垂直。

7 袖口布長為28~30公分，寬為2公分。

POINT | 袖口布長＝(手臂圍+鬆份2~4公分)

8 完成。

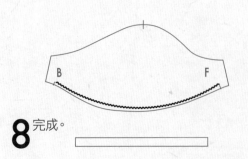

●版型製圖步驟（領子）

1 描繪一份領台襯衫領。

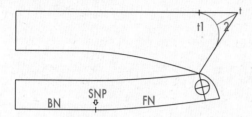

2 自t-t1取約2公分，畫圓弧角。

POINT 圓領角度可依設計決定大小。

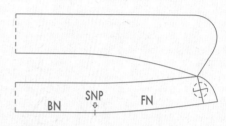

FN（前領圍）－12.5	
BN（後領圍）－ 8.5	
前襟寬／2＝● (1.5)	

3 完成。

●裁片縫份說明

- ■ 襯布份
- □ 實版
- □ 縫份版
- -- 褶雙線
- | 直布紋線
- ✕ 斜布紋線

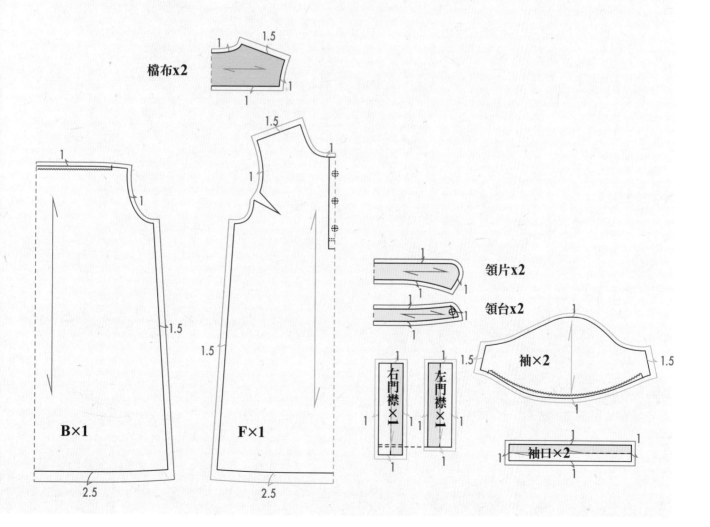

B 縫製How to make

材料說明

單幅用布：(衣長+縫份)×2+(袖長+縫份)

雙幅用布：(衣長+縫份)+(袖長+縫份)

布襯約一碼
釦子5顆

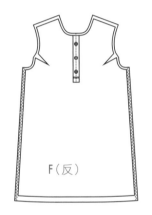

表YOKE（反）
裡YOKE（反）
表領片
裡領片
表領台
裡領台

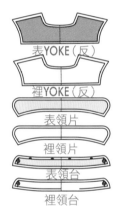

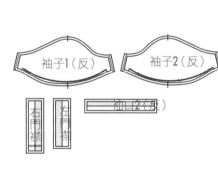

袖子1（反）　袖子2（反）

右門襟　左門襟　袖口布（反）

F（反）　B（反）

1 依圖示拷克。

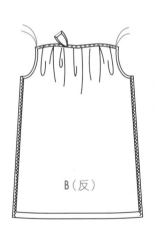

B（反）

2 後片抽細褶，完成線外0.2和0.5公分車縫兩道粗針，拉兩條底線抽褶與檔布同寬，再燙縫份固定細褶。

POINT 需平均拉皺。左右4公分不抽皺。

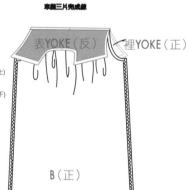

車縫三片完成線

表YOKE（反）
裡YOKE（正）

上 —— 表yoke(反向上)
B片(正向上)
下 —— 裡yoke(反向下)

B（正）

3 車縫B片和表裡YOKE，三片完成線。
POINT 表裡YOKE反面皆朝外。

表YOKE（正）　裡YOKE（反）

0.1

B（正）

4 表裡YOKE向上燙，車縫裝飾線0.1公分。

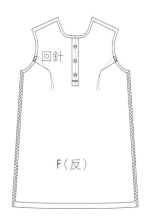

5 折前片胸褶褶子中心,先以絲針固定,折完後留線15~20公分。

6 留線打結穿針目,縫份倒向下面。

7 前片半門襟先折燙0.9公分,再對折燙縫份。車縫門襟寬至止點,縫份左右燙開。

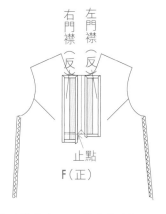

8 止點往上1~1.5公分剪Y型。

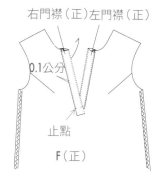

9 左、右門襟分別正面壓縫0.1公分裝飾線固定縫份。

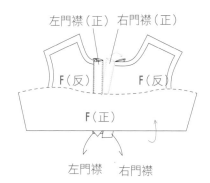

10 F片翻至反面,門襟右蓋左,將前片下襬往上翻,壓縫左門襟與三角布固定。
POINT | 不能車到右門襟。

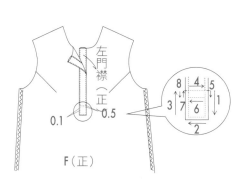

11 將門襟右蓋左,正面壓縫裝飾線。
POINT | 從右門襟正面不能看到左門襟及三角布的縫份。

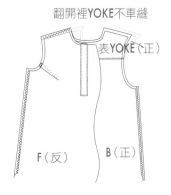

12 F片與B片表YOKE,正面相對車縫兩邊肩線完成線。
POINT | 裡YOKE不車縫。

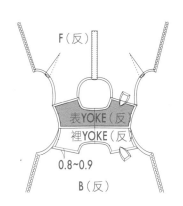

13 修縫份,倒向YOKE整燙,裡YOKE縫份折燙0.8~0.9公分。

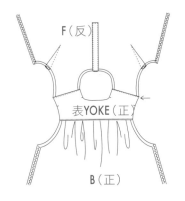

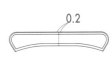

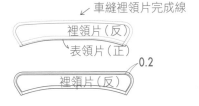

14 裡YOKE蓋住表YOKE縫份，假縫固定，表YOKE正面再壓縫裝飾線0.1公分。

15 裡領片縫份修0.2公分。

16 表、裡領片正面對正面，車縫裡領片完成線，落在表領片完成線外0.2公分。

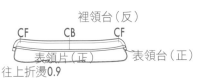

17 裡領推入0.1公分整燙。自表領片車縫裝飾線0.2公分。

18 裡領台縫份往上折燙0.9公分。將表、裡領台置於領片上下對合CF、CB，車縫完成線。

19 將領片翻出來，整燙領片和領台。

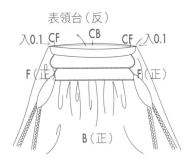

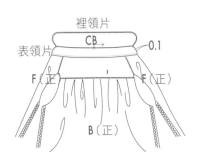

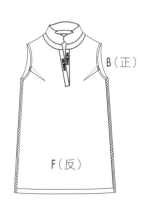

20 表領台與衣身正面對正面，對合衣身領圍CF、CB，車縫完成線，並剪牙口至完成線外0.2公分。

21 假縫固定表、裡領台，自表領台後中心開始，車縫0.1公分裝飾線。

22 F片與B片正面相對，車縫左右脇邊完成線至下襬部分，縫份燙開。

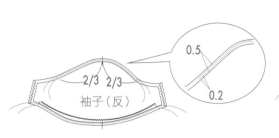

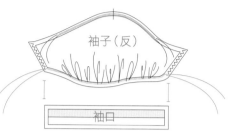

23 下襬縫份二折三層，假縫固定縫份。正面壓縫2.5公分寬裝飾線。

24 袖口布製作，完成線外0.2、0.5公分車縫兩道粗針。

25 袖口拉兩條底線產生皺褶，長度與袖口布同寬，整燙縫份。

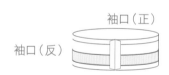

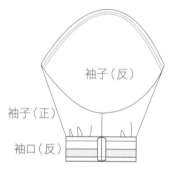

26 縫合袖下線，並套入燙馬，縫份燙開。

27 袖口布縫份折燙0.8公分，再折燙中心線。袖口布正對正車縫完成線，縫份燙開。

28 袖口布與袖子正對正套入，車縫袖口完成線。

29 翻回反面，縫份倒向袖口。

30 假縫固定袖口布，上下車縫0.1公分裝飾線。

31 袖子部分，拉兩條底線，使袖山產生蓬型立體感，並置燙馬圓弧上，整燙縫份成蓬型。

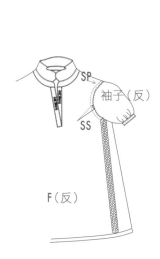

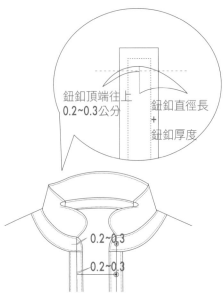

鈕釦頂端往上
0.2~0.3公分

鈕釦直徑長
+
鈕釦厚度

0.2~0.3

0.2~0.3

SP

袖子（反）

SS

F（反）

32 袖子與衣身正面相對，對合SP、SS記號，車縫完成線；接著，再將兩層縫份一起拷克，縫份倒向袖子。

33 開釦眼、縫釦子。

34 完成。

附錄
文化式男子襯衫原型版

基於讀者回饋，想了解男子襯衫原型版的打版方法，因此藉由這次《服裝製作基礎事典》改版，補充「文化式男子襯衫原型版」的基本打版概念，讓讀者可以使用襯衫基本原型版來自由設計變化背心或襯衫款式！

男子原型是畫左半身，所以男子原型後片在右邊、前片在左邊，和婦女原型版前後片的位置剛好相反。

文化式男子襯衫原型版

●完整製圖版型

男子襯衫基本尺寸

男子襯衫原型版需要基本尺寸(cm)：

胸圍(B)－92

背長(BL)－43

袖長(S)－60

＊各部位尺寸請參考附錄尺寸參照表

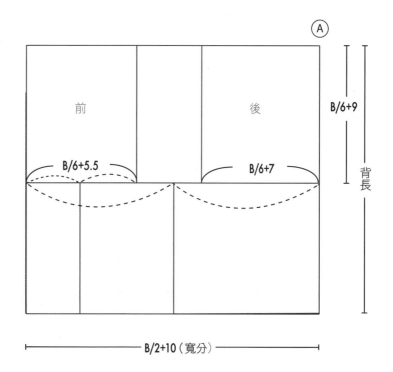

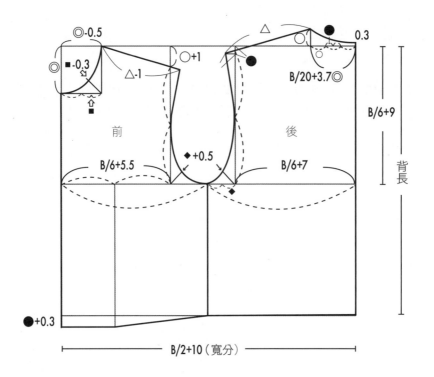

文化式男子襯衫原型版（原型袖）

●完整製圖版型

基本尺寸(cm)

袖長－60

袖攏－量取原型版上前後袖攏尺寸

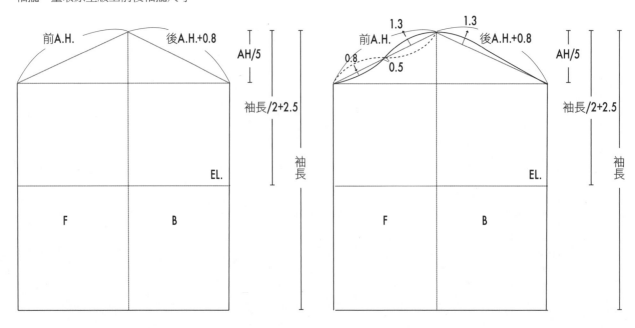

文化式男子襯衫原型尺寸參照表

B	(B/2)+10	(B/6)+9	(B/6)+7	(B/6)+5.5	(B/20)+3.7 (◎)	◎-0.5
80	50	22.3	20.3	18.8	7.7	7.2
81	50.5	22.5	20.5	19	7.8	7.3
82	51	22.6	20.6	19.1	7.8	7.3
83	51.5	22.8	20.8	19.3	7.8	7.4
84	52	23	21	19.5	7.9	7.4
85	52.5	23.1	21.1	19.6	7.9	7.5
86	53	23.3	21.3	19.8	8	7.5
87	53.5	23.5	21.5	20	8	7.6
88	54	23.6	21.6	20.1	8.1	7.6
89	54.5	23.8	21.8	20.3	8.1	7.7
90	55	24	22	20.5	8.2	7.7
91	55.5	24.1	22.1	20.6	8.2	7.8
92	56	24.3	22.3	20.8	8.3	7.8
93	56.5	24.5	22.5	21	8.3	7.9
94	57	24.6	22.6	21.1	8.4	7.9
95	57.5	24.8	22.8	21.3	8.4	8
96	58	25	23	21.5	8.5	8
97	58.5	25.1	23.1	21.6	8.5	8.1
98	59	25.3	23.3	21.8	8.6	8.1
99	59.5	25.5	23.5	22	8.6	8.2
100	60	25.6	23.6	22.1	8.7	8.2
101	60.5	25.8	23.8	22.3	8.7	8.3
102	61	26	24	22.5	8.8	8.3
103	61.5	26.1	24.1	22.6	8.8	8.4
104	62	26.3	24.3	22.8	8.9	8.4
105	62.5	26.5	24.5	23	8.9	8.5
106	63	26.6	24.6	23.1	9	8.5
107	63.5	26.8	24.8	23.3	9.1	8.6

文化式婦女原型尺寸參照表

B(胸圍)	(B/2)+5	(B/6)+7	(B/6)+4.5	(B/6)+3	(B/20)+2.9 (◎)	◎-0.2	◎+1
76	43	19.6	17.1	15.6	6.7	6.5	7.7
77	43.5	19.8	17.3	15.8	6.7	6.5	7.7
78	44	20	17.5	16	6.8	6.6	7.8
79	44.5	20.1	17.6	16.1	6.8	6.6	7.8
80	45	20.3	17.8	16.3	6.9	6.7	7.9
81	45.5	20.5	18	16.5	6.9	6.7	7.9
82	46	20.6	18.1	16.6	7	6.8	8
83	46.5	20.8	18.3	16.8	7	6.8	8
84	47	21	18.5	17	7.1	6.9	8.1
85	47.5	21.1	18.6	17.1	7.1	6.9	8.1
86	48	21.3	18.8	17.3	7.2	7	8.2
87	48.5	21.5	19	17.5	7.2	7	8.2
88	49	21.6	19.1	17.6	7.3	7.1	8.3
89	49.5	21.8	19.3	17.8	7.3	7.1	8.3
90	50	22	19.5	18	7.4	7.2	8.4
91	50.5	22.1	19.6	18.1	7.4	7.2	8.4
92	51	22.3	19.8	18.3	7.5	7.3	8.5
93	51.5	22.5	20	18.5	7.5	7.3	8.5
94	52	22.6	20.1	18.6	7.6	7.4	8.6
95	52.5	22.8	20.3	18.8	7.6	7.4	8.6
96	53	23	20.5	19	7.7	7.5	8.7
97	53.5	23.1	20.6	19.1	7.7	7.5	8.7
98	54	23.3	20.8	19.3	7.8	7.6	8.8
99	54.5	23.5	21	19.5	7.8	7.6	8.8
100	55	23.6	21.1	19.6	7.9	7.7	8.9
101	55.5	23.8	21.3	19.8	7.9	7.7	8.9
102	56	24	21.5	20	8	7.8	9
103	56.5	24.1	21.6	20.1	8	7.8	9
104	57	24.3	21.8	20.3	8.1	7.9	9.1

服裝製作基礎事典

打版、縫製專業全圖解

2022 暢銷增訂

作　　者　鄭淑玲
美術設計　楊意雯、黃祺芸
封面設計　黃祺芸
攝　　影　陳家偉

社　　長　張淑貞
總 編 輯　許貝羚
責任編輯　王韻玲、方嘉鈴
行銷企劃　洪雅珊、呂玠蓉

發 行 人　何飛鵬
事業群總經理　李淑霞
出　　版　城邦文化事業股份有限公司　麥浩斯出版
地　　址　104台北市民生東路二段141號8樓
電　　話　02-2500-7578
傳　　真　02-2500-1915
購書專線　0800-020-299

發　　行　英屬蓋曼群島商家庭傳媒股份有限公司城邦分公司
地　　址　104台北市民生東路二段141號2樓
讀者服務電話　0800-020-299（9:30AM~12:00PM；01:30PM~05:00PM）
讀者服務傳真　02-2517-0999
讀者服務信箱　csc@cite.com.tw
劃撥帳號　19833516
戶　　名　英屬蓋曼群島商家庭傳媒股份有限公司城邦分公司

香港發行　城邦〈香港〉出版集團有限公司
地　　址　香港灣仔駱克道193號東超商業中心1樓
電　　話　852-2508-6231
傳　　真　852-2578-9337
Email　　hkcite@biznetvigator.com

馬新發行　城邦（馬新）出版集團 Cite (M) Sdn Bhd
地　　址　41, Jalan Radin Anum, Bandar Baru Sri Petaling,
　　　　　57000 Kuala Lumpur, Malaysia.
電　　話　603-9056-3833
傳　　真　603-9057-6622
Email　　services@cite.my

製版印刷　凱林印刷事業股份有限公司
總經銷　　聯合發行股份有限公司
地　　址　新北市新店區寶橋路235巷6弄6號2樓
電　　話　02-2917-8022
傳　　真　02-2915-6275
版　　次　二版一刷 2022 年 12 月
定　　價　新台幣 580 元／港幣 193 元

Printed in Taiwan

國家圖書館出版品預行編目(CIP)資料

服裝製作基礎事典 / 鄭淑玲著. -- 二版. --
臺北市：城邦文化事業股份有限公司麥浩斯
出版：英屬蓋曼群島商家庭傳媒股份有限公
司城邦分公司發行, 2022.12
　　面；　公分
ISBN 978-986-408-868-3(平裝)

1.CST: 服裝設計 2.CST: 縫紉

423.2　　　111017353